郑国光◎主编

"我们的天气"丛书

天气与变化的气候

郑国光　刘　波◎编著

气象出版社
China Meteorological Press

图书在版编目（CIP）数据

天气与变化的气候 / 郑国光，刘波编著 . —— 北京：
气象出版社 , 2016.9

ISBN 978–7–5029–6232–6

Ⅰ . ①天… Ⅱ . ①郑… ②刘… Ⅲ . ①气候变化 –
普及读物 Ⅳ . ① P467–49

中国版本图书馆 CIP 数据核字 (2016) 第 064262 号

Tianqi yu Bianhua de Qihou
天气与变化的气候

出版发行：气象出版社

地　　址：北京市海淀区中关村南大街 46 号　　　　邮政编码：100081

电　　话：010-68407112（总编室）　010-68409198（发行部）

网　　址：www.qxcbs.com　　　　　　　E-mail：qxcbs@cma.gov.cn

责任编辑：颜娇珑　　　　　　　　　　终　　审：邵俊年

责任校对：王丽梅　　　　　　　　　　责任技编：赵相宁

封面设计：符　赋

印　　刷：北京地大天成印务有限公司

开　　本：710 mm × 1000 mm　1/16　　印　　张：11

字　　数：169 千字

版　　次：2016 年 9 月第 1 版　　　　印　　次：2016 年 9 月第 1 次印刷

定　　价：38.00 元

"我们的天气"丛书编委会

主　编：郑国光

副主编：许小峰　李泽椿

总策划：余　勇

编　委：（以姓氏笔画为序）

编委会秘书：王月冬　梁真真

序

我们生活的方方面面——衣食住行，都与天气气候息息相关。天气气候，无时无刻不在影响着我们。

党的十八大提出"加强防灾减灾体系建设，提高气象、地质、地震灾害防御能力""积极应对全球气候变化""加强生态文明宣传教育""普及科学知识，弘扬科学精神，提高全民科学素养"。习近平总书记强调，"要组织力量，对异常天气情况进行研判，评估其现实危害和长远影响，为决策和应对提供有力依据"。党中央、国务院对气象工作做出的一系列重大战略部署和要求，无不彰显出对气象防灾减灾、应对气候变化的高度重视，无不彰显出对气象保障国家治理体系和治理能力现代化的殷切期望。

近年来，随着气象科技的快速发展，天气气候中的许多概念都有了新的内涵。随着气象服务领域的不断拓宽，气象越来越融入经济社会发展各领域，人们生产生活也越来越须臾离不开气象。如何通俗、科学地介绍气象科技、气象业务、气象防灾减灾知识，为大众揭开气象的神秘面纱，显得越来越重要。

中国工程院重点咨询项目"我国气象灾害预警及其对策研究"对近年来我国气象灾害及其影响、气象致灾的特点、气象致灾预警中存在的问题进行了全面的分析，并提出对策。研究发现，基层干部及群众，包括一些领导干部，对灾害发生的规律了解不够，在第一时间做好自救和防护的意识和能力亟待提高，急需加强科普宣传，提高全民对灾害的认识，增强群众自救能力。

在经济发展新常态下，各级党委和政府、社会各界对气象服务的需求将越来越多，重大自然灾害的国家治理对气象保障的要求将越来越高，气象为经济社会发展、人民幸福安康、社会和谐稳定提供坚强保障的责任将越来越大。但是，大众对气象科技的了解和理解还不够，全民气象意识还薄弱，气象知识还匮乏，特别需要加大力度，通俗易懂地传播气象科技、气象工作、减灾防灾、自救互救等知识。

气象服务让老百姓满意，是全体气象工作者的职业追求。人民群众能不能收得到、听得懂、用得上各种气象信息产品，是衡量公共气象服务效益的主要标准。让更多的民众认识气象，了解气象的基本规律，提高抵御自然灾害的意识和能力，是我们气象工作者义不容辞的使命。

为满足广大民众对气象科普的基本需求，由中国气象局气象宣传与科普中心、中国工程院环境与轻纺工程学部、气象出版社共同策划了"我们的天气"科普丛书，旨在向社会大众传播最新天气气候科学及防灾减灾知识。本丛书共分六册，分别是：《明天是个好天吗》《天气预报准不准》《天气与我们的生活》《我们如何改变天气》《科学应对坏天气》《天气与变化的气候》。每册各有侧重，又相互联系。气象科普存在专业性、前沿性、学科交叉性、难度大的特点，为保证内容的科学性，本书邀请了业界、学界的专家，设立以院士、专家为主编、副主编的丛书编委会，编委会成员由有关专家和科普作家组成。在此，向为本丛书的编撰和编辑出版做出贡献的所有专家表示衷心的感谢！

希望丛书的出版能为气象服务于人民生产、生活提供有益的帮助。同时，我也呼吁全社会动员起来，积极关注和参与应对气候变化，大力推进生态文明建设，为实现中华民族伟大复兴的"中国梦"而努力奋斗。

中国气象局局长 郑国光

2015 年 3 月

目　录

一、有趣的天气和气候

天气与气候的关系

当你清晨醒来时，拉开窗帘，你看到天空湛蓝，风和日丽，你会说今天天气真好。但在日常生活中，人们常会分不清天气和气候，或以为两者是一回事。文艺作品中经常用成语或诗句来描述自然界的天气和气候。如：风和日丽、鹅毛大雪、烈日当空、风雨交加、四季如春、风调雨顺；"夜来风雨声，花落知多少""羌笛何须怨杨柳，春风不度玉门关""清明时节雨纷纷，路上行人欲断魂"。那么其中哪些说的是天气，哪些说的是气候呢？这要从天气和气候的定义说起。

天气是指短时间内（从几分钟到几天）发生的大气现象，如雨、雪、冰雹、雷电、大风、沙尘暴、雾等，即每日或几天的天气预报中所含的内容。天气是短期内就可以感受得到的，因此，我们对天气的认识和感觉是直接的。

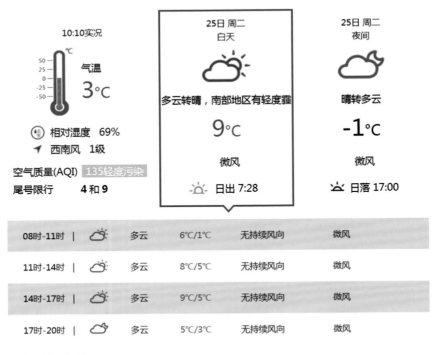

天气预报产品

气候是指较长时期内（从一个月到一年、数年、数十年甚至数百年或更长）气象要素（如温度、降水、风、日照等）以及天气现象的统计结果，也就是在一个较长时间内的平均状况，通常用这个平均值以及与此平均值的偏差（气候学称为距平值）来表征。这个"长时间"究竟是多长？为了增加不同地区的可比性，世界气象组织规定30年是气候的标准时段，可以说，30年是对"长时间"的具体化。另外，特殊年份的极端情况也可以反映出一个地方的气候特征。气候主要反映一个地区的冷、暖、干、湿等基本状况，因此，我们只能通过一段较长的时间才能感受到，瞬时或短时间感受的未必客观或正确。根据气象要素的统计特征，可将地球划为如图1-1所示的几大气候区。

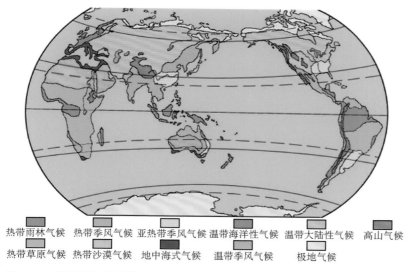

图1-1　世界气候分区图

从大气科学角度来说，天气与气候都是因为大气运动产生的大气现象。

大气波动是大气运动的重要形式，受气压、温度等变化的影响而呈准周期性变化特点。大气的波动有各种尺度。在天气预报里，长波与短波是两种常见的大气波形。短波指的是波长为几百千米至上千千米的波形，短波的波谷一般表现为气象上所说的气旋或低气压，对应地面是阴雨天气多发的区域。两个气旋之间就是反气旋或高气压区，对应地面天气较好。短波常常成串经过，是天气数日一变的主要原因。

　　长波指的是波长为几千千米的大气波形。一个周期的长波里一般有几个性质相近的短波。同时处在长波和短波波谷里的低气压比较活跃，这就是连日阴雨的原因，阴雨之间的间歇或短时转晴，则是短波的高气压到来的结果。在长波的波峰里，情况正好相反，虽然也有若干个短波经过，但地面主要是晴朗稳定的天气，夏季的高温和严重的大气污染就是出现在高空为长波波峰控制的情况下。

　　此外，比长波的波长更长的还有波长达到数万千米的超长波，波长短于短波的还有中尺度与小尺度的波动。因此，在天气范围里有多种尺度的大气波动，它们可以按照波长的顺序排列成波谱。有意思的是，虽然这个波谱是按空间尺度排列的，但在时间坐标上也有很好的对应关系。空间波动在时间上的反映就是周期，波长越长，波动的时间周期越长。反之，波长越短，时间周期越短。气象上还把全球范围内的大气波动称为大气环流，一般来说，大气环流是指较大范围内大气运动的长时间平均状态。

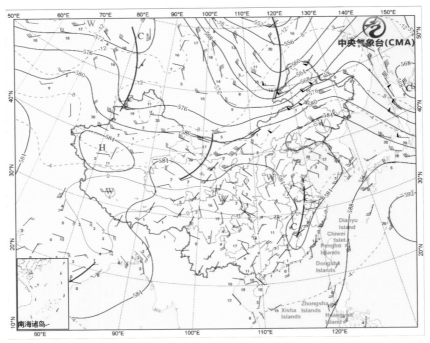

2016 年 7 月 11 日 08：00 高空 500 百帕天气图

　　正是这种对应关系，几乎一切天气预报都可以用瞬时天气图作基本的预报工具。预报的时间长，就需要知道波长尺度大的波动，这就需要采用大范围天气图才能反映出来；如果是短时期的预报，就只需要小范围天气图。尺度越小，分辨率越高，小范围天气图更能显示小波动的情况。于是，时间尺度的变化可以通过调节空间尺度来代替，这就是用瞬时天气图也能制作几天的天气预报的原因。空间尺度最大的超长波只有约半个月的生命期，这就意味着在瞬时天气图的基础上，半个月就是天气预报的最长时限。

问题在于当长度超过十多天之后，时间还在延长，但地球空间却是已到了极限，不能继续扩大。于是生命期超过十多天的大气现象就不能再用瞬时天气图表现。十多天是一个转折点，过了这个点，时间尺度与空间尺度不再存在线性对应关系，而是只有时间尺度的增长，没有空间尺度的扩大。这个转折点就是天气与气候理论上的界线。空间尺度与时间尺度关系的改变是天气与气候产生许多差别的原因。二者的差别主要表现在以下四点。

1. 数据的差别

前面说到，天气可以用瞬时天气图显示，气候却不能，这是因为时间长度已经超过了瞬时图上显示的天气波动生命的极限。于是，在同样的气候图上就有若干个大气波动的重复，而不会是个别的波动，结果气象观测数据的气候统计值取代了瞬时值。如果说，天气就是人们看到的具体的大气现象，那么气候则是一段时期内相继发生过的多次天气的总和。不难想象，天气与气候的关系和个人与人群、树木与森林的关系是一样的，都是个体与集体的关系。个体用单值，集体则需要应用统计值才能描写它的特征。"平均值""极值""变率""偏差"等就是最常用到的气候统计值，此外，还有一些表现气候特征的指标，如："干燥度"等也是表现气候的基本数据。

2. 成因的差别

在天气范围里，大气的运行主要靠自身内部的力量，这时利用大气动力学基本上可以描写运动的规律性。因此，在天气预报里动力模式可以作为主要预测工具。到了气候尺度，大气主要依靠外界能量的输入，冷、热源起了重要的作用。1979 年第一次世界气候大会上提出了"气候系统"的科学概念。所谓气候系统就是包括大气圈、水圈、岩石圈、冰雪圈与生物圈在内的能量与物质交换系统。因此，由于能量及其他一系列问题，气候就不只是大气现象，而是气候系统里物质与能量循环的产物。

3. 服务性质的差别

人们研究自然现象主要是服务于人类，并以人类已经拥有的条件，包括物质装备与思维方式为基础。天气服务在于预测最近几天的大气变化，对于人们采取应对行动是必要的，所以具有很强的行动性、战术性与一次性服务需求的特点。气候服务在于提供长期气候状况的信息，用于决策、规划与管理等，故具有规划性、战略性与多次性服务的特点。

实际上，天气与气候服务是相辅相成的。这两种服务互为补充，只有两者的紧密结合才能更好地为人们的生产生活服务。举例来说吧，为了修建机场，在选址等问题上气候服务是必需的，只有气候条件有利于飞机的起飞与降落，机场的利用率才高，不利天气的预报难度也就降低了。但是，再好的气候条件也难免会出现不利的天气情况，因而天气预报也是必要的。

4. 发展前景的差别

由于人类社会的迅速发展，人们不得不注意到，经济发展同环境与资源的矛盾首先在地球圈层中的大气里爆发。全球变暖、臭氧洞与酸雨的形成等就是典型的例子。

环境危机中首当其冲的是气候危机。危机使气候问题突破了专业范围，变成了全球问题。这就是气候学的全局性意义在现代飙升的原因。因此，气候已经升格为调控人类与自然系统，使之处于和谐运转状态与良性循环的一门学问，因此，相比于多侧重于人们现实需求的天气及其预报来说，气候及其预测有更为广阔的发展前景与战略意义。

通过上面的介绍和解释，大家应该对天气与气候的主要概念和区别及其对人们生产生活的重要意义有了一定的了解。那么，现在你能分清楚下面的几句诗歌中，哪几句是描述天气，哪几句是描述气候的了吗？

忽如一夜春风来，千树万树梨花开。

夜来风雨声，花落知多少。

枯藤老树昏鸦，小桥流水人家，古道西风瘦马。

江暗雨欲来，窗雨如散丝。

春潮带雨晚来急，野渡无人舟自横。

君问归期未有期，巴山夜雨涨秋池。

春城无处不飞花，寒食东风御柳斜。

人间四月芳菲尽，山寺桃花始盛开。

天气、气候与我们

天气——风雨雷电，气候——冷暖干湿，这些现象人们都能感受得到，有的甚至可以直接看见。天气关乎衣食住行，气候影响各行各业，气候变化还牵涉到人类的繁衍和进步。可以说，天气、气候与我们息息相关，密不可分，涉及政治、经济、文化、军事、历史等方方面面。让我们从人类文明开始，逐一感受一下。

气候与人类文明

人类离不开大气，人类的起源与气候变化密切相关。气候在过去亿万年的剧烈变化中推动了人类进化，也孕育了人类文明。在人类进化史上，刀耕火种的农业文明无疑是一场革命，结束了人类茹毛饮血的历史，堪称人类文明的开端，而气候正是推动这场革命的重要客观因素之一。可以说，人类社会的发展和文明的进步过程，实际上是一部与大自然的斗争史，包括适应、利用和改造气候条件的过程。

　　不同的气候类型造就了不同的文明。在这里我们重点对比能够代表东西方文明差异的中华文明和古希腊文明。夏季高温多雨、冬季低温少雨的东亚季风气候孕育了中华文明，夏季高温少雨、冬季低温多雨的地中海气候孕育了古希腊文明（公元前 3000～1100 年）。这两个文明奠定了东西方文明的基础。中华文明重视农业，古希腊文明重视商业；中华文明热爱和平，古希腊文明则侵略性较高；中华文明的建筑主要是木制建筑，古希腊的建筑则以石制建筑为主；中华文明国家权力集中，古希腊则是城邦制，国家权力松散得多。

中华文明建筑的象征——故宫

希腊文明建筑的象征——帕特农神庙

那么，不同的气候类型是如何造成中华文明和古希腊文明的上述差异的呢？首先，与现代工业社会相比，古代生产力不发达，主要是以农业经济为主，对天气气候有很强的依赖性。相对而言，季风气候比起地中海气候更符合植物的生长规律，即在生长旺盛的夏季正好可以给植物提供充足的水分和热量（水热同期）。地中海气候能够保证热量却不能保证充足的降水，这就决定了季风气候区的农业要远远强于地中海气候区。而农业薄弱不足以养活日益增长的人口，就必须使用其他的方法来弥补和缓解矛盾。于是，古希腊的商业就在这种压力下发展起来，夺取殖民地也是出于发展生产基地和销售市场的目的。这就是后来古罗马帝国的粮食主产地是在西亚和北非，而不是在欧洲的原因。商业的发展促进了城市市民阶级的崛起，这也就促成了古希腊文明奴隶制城邦和奴隶制民主体制的形成。反观中华文明，由于农业的发达完全可以做到自给自足，所以对外的扩张性就小很多，商业的发展自然也很缓慢。建筑风格的差异就更好解释了，季风气候要远比地中海气候适合高大乔木的生长，所以东方喜好用木材，而西方喜好用石材。

列宾《伏尔加河上的纤夫》

不同气候类型在造成不同文明差异的同时，气候的改变还影响着文明的兴衰和社会的安定。人类的文明经历了数个温暖期与小冰期的交替，这些交替变化对文明的发展产生了难以想象的影响，甚至改变了文明发展的走向。

从战国时期一直到西汉的文景之治，气候处在相对平和的温暖期。在这段气候稳定的时期，中国逐渐走出动乱的战国时代，经过了秦代的统一，进入到和平繁荣的汉代。西汉武帝与"昭宣之治"时期，进入汉代文武鼎盛的阶段。无独有偶，此时的古罗马帝国也处于辉煌时期，这一时期古罗马帝国疆域地跨欧亚非三大洲，地中海成为它的内海。之后，气候开始出现波动。进入小冰期的西汉，气候不再对农耕社会有利，生产力普遍下降，加上其他一些政治原因，汉朝逐渐衰落。到了"新莽时期"，旱灾频繁出现，这又是乱世的开始。东汉一朝的气候虽较"新莽时期"有所缓和，但气候的整体背景并不如西汉时期稳定。然而，这一时期仍然出现光武帝、汉明帝、汉章帝与汉和帝的拓展，可以说是虽在逆境但仍有发展的时期。可见，决策者的治理能力也具有一定的分量。但这样的制衡关系到了东汉末期，逐渐失调，最终因黄巾军的起义导致东汉的灭亡。

而此时的罗马即便其间有君士坦丁的中兴，也无法改变同样的困境。恶劣的气候使匈奴西迁至欧洲（由于西汉时期汉武帝北伐匈奴的原因使其无力与汉朝抗衡），匈奴又将原本在西北欧生活的日耳曼人向南驱赶，使日耳曼人南下，罗马在内忧外患的处境下灭亡，欧洲进入了中世纪衰落时期。

中世纪时期，气候史上曾出现一个大暖期。当时八水绕长安，唐朝执政者的努力缔造了盛世大唐的富庶景象。但唐朝后期，统治者的腐败无能加上气候异常所带来的饥荒和瘟疫，导致"黄巢之乱"的产生，最终摧枯拉朽般导致唐朝土崩瓦解。这点与东汉终结于"黄巾之乱"有些类似。

唐朝灭亡后，气候异常并未有所减缓，大约在北宋太宗雍熙二年（985 年）至南宋光宗绍熙三年（1192 年）这 200 多年的时间里，中国正式进入新一阶段的小冰期。当时气候恶劣，根据史料记载，江淮乃至太湖一带常有冰雪覆盖的情形。农业生产力的下降，对宋朝力图恢复民生乃至军事上的活动都产生了不可忽视的影响，北方日趋寒冷干燥的气候导致北方少数民族为了争夺适于耕种的土地而不断向南入侵。后来的明朝也遇到了同样的问题，明朝中后期，正是气候急剧变冷的时期，接连发生的旱灾动摇了明朝的农业生产基础。更可怕的是，历来蝗害及其他病虫害、瘟疫等都是伴随着旱灾一起出现的，翻开明朝的历史，万历、天启、崇祯年间都曾出现过严重的蝗害。环境恶劣的情形下，在沿海地区，民众缺乏物资尚可通过航海贸易来补充，但是在华北内陆，一些缺乏商业活动支持的区域，农业歉收所带来的长年饥荒无法得到控制和缓解。再加上统治者的错误决策，叛乱便不可避免地发生了。

周臣《流民图》

如 13 世纪以后欧洲的小冰期，海冰覆盖面积日益增加。加上海上恶劣天气频繁，不利航行，欧洲大陆整体的农作物收成和渔获量均明显减少。粮食产量下降使肉类在欧洲人食物中的比重上升，于是制作肉类的香料需求量便直线上升，最终推动了大航海时代的到来。

无论对于西方文明还是中华文明，在气候暖湿期，大部分是国家统一的强盛时期；在气候干冷期，则大多是国家分裂、政治多元化时期。气温的变化与中国朝代更迭对应情况见图 1-2。

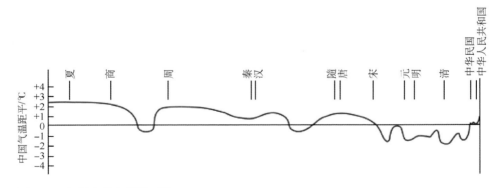

图 1-2　气温变化与朝代更迭

近代以来的 200 多年，全球人类活动致使大气中温室气体逐渐增加，全球变暖更加明显。虽然这 200 余年所创造的生产力，远远大于此前人类 5 000 年所创造的生产力的总和，但这是以影响全球气候为代价的。因此，人类对大自然越来越显著的不科学行为，是我们必须加以注意的。此外，从世界历史的进程看来，气候变化引起的人类生存环境的变迁是无法逆转的，而且气候变暖对所有事物的发展也并非都有利，这就要求我们开发大自然的行为必须要适度。

气候与人种

人种，也称种族，是指具有共同起源和共同遗传特征的人群。具有遗传性的体质特征，包括肤色、发色与发质、眼色、头型、鼻型、面型、血型等，不同的人种是不一样的，具有明显的地域特色，与所处的地理环境和气候条件有很大关系。通常按其体质特征，将全世界人类分为三大人种，即白种人、黑种人和黄种人。哪些气候要素在人种形成过程中发挥了重要作用呢？

首先是太阳辐射。人们肤色的深浅是由皮肤中黑色素的多少来决定的，黑色素越多，皮肤的颜色就越深。黑色素具有吸收阳光中紫外线的能力，因此，生活在阳光强烈、日照时间长的低纬度地区的居民皮肤中含有较多的黑色素。这些黑色素对于他们来说，可以起到保护人体内部器官免受过量紫外线损害的作用。相反，生活在阳光稀少的北欧等地的居民，他们的肤色则很浅。因为每天照射到北欧人身上的微弱的紫外线不仅不会危害他们的健康，而且为身体所必需，所以，北欧居民皮肤中的黑色素极少，就属于白种人了。

白种人　　　　　　　　　黑种人　　　　　　　　　黄种人

人类学的研究还证明，非洲黑人皮肤内的汗腺数量也比欧洲白人多。汗腺能够分泌汗液，在人体新陈代谢过程中担负着调节体温的重要功能。因此，在极其炎热的气候条件下，黑人的体温调节功能要比白人的完善，这就使得他们能够较快地恢复到正常体温，以保证机体新陈代谢的顺利进行。

　　赤道人种卷曲的头发也是适应地理环境和气候的结果。它们能够在头顶形成一个多孔隙的覆盖物，就像我们通常用棉花来隔热一样，卷曲的头发是抵抗强烈阳光的一种不导热的良好的绝缘体，在赤道阳光的直射下，导热性能差的卷发会阻止外表的大量热量传往头部的皮肤和血管，因而起到了一定的隔热作用。

　　赤道人种的口裂通常很宽阔，口唇也很厚，这对于生活在炎热的气候环境下也是很有益处的。宽阔的口裂与很厚并且外翻的唇黏膜能够增大通气量，同时扩大了水分的蒸发面积，并且有助于冷却吸入的空气。同样道理，生活在高纬度地区的白种人，高耸的鼻梁能够使鼻腔黏膜的表面积明显增大，鼻腔黏膜中的丰富的毛细血管能够温暖吸入鼻腔的空气。欧洲人和西伯利亚的黄种人所具有的直颌特征可以减缓吸入的冷空气进入肺部的速度。黄种人的眼褶可能与亚洲中部风沙地带的气候有关；扁平的脸型和半满的脂肪层能够保护脸部不受冻伤。

　　气候对身高的影响也很明显。北半球无论是欧洲还是东亚大陆都存在由南到北随纬度上升而平均身高上升的趋势。例如，欧罗巴人种的身高趋势为北欧大于东、西欧，东、西欧大于南欧，南欧大于阿拉伯地区。南半球则相反，南美印第安人和非洲人由赤道向南，平均身高越来越高。相关研究表明，体格大小（身高、体重）与温度、湿度和降水量呈负相关，与日照、年最高气温变化呈正相关。换句话说，越是生活在温暖潮湿地区的人群，体格越小；而越是生活在寒冷、年温差大和日照充足地区的人群，体格越大。世界范围横向对比来看，欧美人身高普遍高于亚洲人。就世界各国男性平均身高而言，排在最前面的 10 个国家都在欧洲，荷兰男性以 183.6 厘米的平均身高位居第一，中国男性则以 171.7 厘米的平均身高排在榜单的第 57 位。见表 1-1。

　　在中国，北京的年日照时数约为 2 779 小时，武汉年日照时数约为 2 085 小时，广州年日照时数约为 1 945 小时，成都年日照时数约为 1 239 小时，这些城市居民的平均身高依次由高到矮，不难认为光照条件对此起了一定的作用。因为适量的日光中的紫外线能使人体皮肤内的脱氢胆固醇转变成维生素 D，维生素 D 有促进骨钙化和骨骼变粗变长的作用。2008 年中国各地区男性平均身高排名见表 1-2。

表 1-1　2014 年世界各国男性平均身高排名

排名	国家	身高/厘米	排名	国家	身高/厘米	排名	国家	身高/厘米
1	荷兰	183.6	13	奥地利	179.3	25	乌克兰	177.0
2	冰岛	181.6	14	澳大利亚	179.1	26	加拿大	176.3
3	丹麦	181.1	15	塞尔维亚	178.6	26	立陶宛	176.3
4	捷克	180.8	16	波兰	178.3	26	黎巴嫩	176.3
5	斯洛文尼亚	180.3	17	瑞士	178.1	26	俄罗斯	176.3
5	德国	180.3	17	比利时	178.1	26	以色列	176.3
5	挪威	180.3	19	希腊	177.8	38	韩国	174.0
8	瑞典	180.1	19	英国	177.8	51	日本	172.2
8	克罗地亚	180.1	21	美国	177.5	57	中国	171.7
8	芬兰	180.1	21	新西兰	177.5	77	朝鲜	166.0
11	卢森堡	179.8	23	匈牙利	177.3			
12	爱沙尼亚	179.6	23	爱尔兰	177.3			

表 1-2　2008 年中国各省（自治区、直辖市）男性身高排名

排名	省	身高/厘米	排名	省	身高/厘米	排名	省	身高/厘米
1	山东	175.44	13	新疆	172.72	25	广东	169.78
2	北京	175.32	13	陕西	172.72	26	重庆	169.71
3	黑龙江	175.24	15	澳门	171.79	27	山西	169.68
4	辽宁	174.88	16	甘肃	171.67	28	江西	169.63
5	内蒙古	174.58	17	江苏	171.54	29	海南	169.60
6	河北	174.49	18	河南	171.49	30	湖北	169.54
7	宁夏	173.98	19	青海	170.95	31	贵州	169.35
8	上海	173.78	20	安徽	170.93	32	云南	169.24
9	吉林	172.83	21	浙江	170.90	33	湖南	168.99
10	天津	172.80	21	福建	170.90	34	广西	168.96
11	台湾	172.75	23	香港	170.89			
12	山西	172.73	24	四川	170.86			

摘自美联社《2009 年上半年东亚统计年鉴》

天气气候与人体健康

众所周知，天气喜怒无常，它"高兴"时，风和日丽，碧空如洗，给予人们获得健康的有利条件，但它"发怒"时，常带来狂风暴雨、高温或严寒，使人们感到不适，甚至引起疾病。气象学不是医学，不能直接用于保健与治病，但可以通过追踪天气和气候的变化，为保健与防病、治病提供极其重要的帮助。早在远古时代，人类就意识到了天气、气候与健康的关系。成书于战国前后的《黄帝内经》使用大量的篇幅表达了顺应天时而养生的理念："圣人春夏养阳，秋冬养阴，以从其根；故与万物沉浮于生长之门"。这充分说明天气和气候与人类健康密切相关。

如今的生存环境看上去日益恶劣，气候变化与健康的关系引起了全世界的注意。通过谷歌搜索引擎的统计数据可以发现，在 2007 年前对于"climate and health"（气候与健康）的搜索次数为 0，从 2008 年 2 月开始，针对这个关键词组的搜索开始出现，并且迅速攀上了一个高峰。

气象、医学与环境科学家们逐渐意识到，全球气候变化已经在不同程度上直接或间接地对人类的健康产生了重要影响，有时甚至威胁到生命。他们发现，南美洲 1991 年致死性霍乱暴发的元凶可能是厄尔尼诺。太平洋增暖的洋流刺激隐匿霍乱弧菌的浮游生物生长，为霍乱在南美洲 19 个国家流行创造了条件。

天气变化对于人体健康的影响，主要表现在人体感受器官受到来自大气环境的温度、气压、湿度、风等气象要素的外界刺激后，引起体内的一系列反应。当然，并不是所有个体都会有一致的反应，人体受这些外界刺激后引起的反应取决于个体的情况，包括心理状态与体质。不同性别、年龄的人对刺激的反应并不相同。在一般情况下，健康的人比较能适应外界的天气变化，但是当气象条件的急剧变化超过了人体调节机能的限度时，人们均会感觉不适甚至生病。还须指出，人们对天气变化特别是剧变情况，需要一个适应过程，比如一周甚至更长时间，在这个适应过程中，如果应对不到位，就极有可能患病。

天气变化引起的疾病或症状包括伤疤痛、风湿痛、心肌梗死、感冒、中风、多发性关节炎和一些传染病等，它们被称为"气象病"。

目前，我国许多省市在发布天气预报的同时还发布与天气密切相关的"中暑指数""感冒指数""紫外线指数"等针对性较强的对保健防病有积极作用的环境气象预报，来提醒民众在天气即将发生变化时，从衣、食、住、行等方面严加防范，以防因天气突然变化而带来的种种"气象病"。

各种指数

四季与疾病

不同季节由于天气气候的不同，引发的疾病也有所不同。

春季虽然气候转暖，比较温和，但属于过渡时节，乍暖还寒，气温、气压、湿度等气象要素变化无序。常言"春如孩子脸，一天变三变"。因此冬季易发的疾病在春季仍易复发。初春时要注意预防流行性感冒等呼吸道传染病，在此期间要尽量减少去公共场所。春天紫外线辐射增强，对人体的内分泌系统特别是对脑垂体影响较大，易引起激素改变，使精神病患者易发病。此时，精神病人应适当调整药量，同时可配合娱乐和工作疗法等进行治疗。

夏季是最炎热的季节，特别是三伏天，被人们形容为"桑拿天"。长时间待在高温、高湿环境中易引发不适，尤其是露天作业的劳动者和体弱多病者容易中暑。这是因为当气温接近皮肤温度时，人体会增加排汗释放热量，如果此时空气中相对湿度很高，汗液难以蒸发，人就会感到闷热不适，以致中暑。近年受全球气候变暖、气温明显升高的影响，中暑已成为一种更具威胁性的疾病。预防中暑的关键是及时补充水分和盐分，尽量避免高温作业和骄阳下的露天作业。一旦发生中暑，应立即使患者平卧于阴凉通风处施行急救。

秋季同样属于过渡季节，天气由凉渐寒，俗话说"一场秋雨一场寒"。这样的天气常诱发慢性支气管炎、支气管哮喘，此时应加强身体锻炼，提高抗病能力。

冬季寒风刺骨，冰天雪地，特别是骤然降温，人的神经调节与内分泌调节不能同步进行，一时出现紊乱，由此易诱发某些疾病。如心、脑血管疾病，严重威胁着中老年人和体弱多病者的身体健康。研究证明，人体受到强冷刺激后，交感神经兴奋，末梢血管收缩，外周血管阻力增强，促使血压明显升高；另外，儿茶酚胺分泌增多，促使血小板聚集而形成血栓；在寒冷刺激下人体血管扩张因子极易消失，收缩因子作用增强，由血小板凝聚成的血栓将会无情地阻塞血流的通道，从而导致心肌梗死、脑血栓等疾病。此外，天气剧变可通过自主神经系统影响周围血管的收缩而导致关节疼痛。在强冷空气的刺激下血压波动，还易诱发急性闭角性青光眼。

天气与感冒

感冒是一种常见病，在我国很多地方，感冒被称为"着凉"或"伤风"，可见感冒与天气条件有着密切的关系。感冒一年四季都会发生，冬春季节为多发期，因为流感病毒容易寄生在低温、干燥的环境里。

临床实践表明，每当发生一次天气突变，感冒的人数便随之突增。天气突变主要表现在气温、气压、降水、风、湿度等气象要素的剧烈变化上，一般都是由锋面天气系统带来的。尤其在冬春季，北方冷空气不时南下，锋面活动较为频繁，常常诱发感冒或出现其他病症。

感冒的小女孩

人患感冒的症状会因季节的不同而有所区别。即所谓的"四时感冒"：风寒感冒（冬季受风寒或春季降温所致）、风热感冒（春天温度高或秋冬天升温所致）、夹湿或夹暑感冒（夏季湿度大、温度高所致）、夹燥感冒（秋季空气干燥所致）。其中前两种感冒症状是一般的头疼、发热、鼻塞流涕等，而第三种感冒则常伴有胸闷、关节疼痛症状，第四种感冒则一般伴有鼻燥咽干、咳嗽无痰或少痰、口渴舌红等症状。

因此，"因天制宜"应成为预防感冒所应遵循的首要原则。具体来说，就是要在熟悉本地天气和气候变化规律的前提下，注意收听或收看天气预报节目。当天气发生突变时，要及时更换衣被，注意保暖，以防受凉而诱发感冒；在天气突变后的一两天内，要尽可能地少去公共场所，以免被传染上感冒。

天气气候与人体过敏

气候变化不但会对患有多种疾病的人产生不利的影响，而且，当天气突然变化时，还会使一些健康的人出现某些症状。现代医疗气象学把气候变化诱发的人体和系列不适症状，称之为"气候过敏症"，这是一种相当常见却未受到人们注意的过敏性反应。

气候过敏的临床症状主要有情绪抑郁、乏力困倦、失眠易醒、头痛、易激动、焦虑、食欲不振等等，这些症状主要是神经系统功能失调引起的。比如当寒潮袭击，台风过境，气温忽降忽升，或出现大风、大雾、阴雨等天气时，健康的人身上出现上述症状并查不出病因，就应想到"气候过敏症"。倘若每当天气变化时，都出现类似的症状，那么，"气候过敏症"即可确诊。国外有人研究发现，在普通人群中，约有 1/3 的人对天气变化敏感，且这种敏感性随年龄的增长而增强。青少年中对天气敏感者约占 1/4，壮年人则增加为 1/3 左右，老年人会升至 1/2 左右。一般女性比男性更敏感，可占总数的一半以上，而男性约为 1/4。

引起气候过敏症的主要原因有两个，一个是天气和气候发生了变化，另一个就是人体对天气和气候变化的适应性较差。一般来说，当天气或气候发生变化时，风霜雨雪、冷暖干湿等外界环境的变化会对人体产生一定的刺激作用，这种刺激通过皮肤、呼吸道等人体器官反应给人的大脑，而大脑又通过对人体内分泌的调节来适应这种外界环境的变化，即保持人体自身的内部平衡。但由于不同的个体对天气和气候的适应和调节能力有高有低，对于那些自身调节能力较弱的人群，天气和气候的变化会导致人体发生一些异常的症状，如呼吸系统、血液循环系统、新陈代谢等人体功能出现"气候过敏症"。

天气气候与传染病

当代，传染病在全球的分布区域日益扩大。究其原因，有交通的日益发达带来的人员、物资流动频繁；有过量服用抗生素导致的抗药性增强；有第三世界国家公共卫生基础薄弱等。但是，越来越多的研究表明，全球气候变暖是造成这一结果的关键因素之一。

人类活动引起的全球气候变化将有可能干扰地区的天气状况和生态平衡，从而对人体健康产生多方面影响。比如，全球气候变化将直接或间接影响许多虫媒传染病（例如疟疾、血吸虫病、病毒性脑炎和登革热等）的传播过程。全球气候变暖还会使海平面和海表面温度上升，从而增加经水传播疾病（例如霍乱和贝类水产品中毒）的发病率。

最不可忽视的是，气候变化在造成部分原有物种灭绝的同时可能还产生出新的物种，物种的变化有可能打破病毒、细菌、寄生虫的现有格局，产生新的变种。近年来，人畜共患疾病在中国频频暴发，对农业可持续发展、生态安全和人类健康构成了巨大威胁。据估计，2003 年 SARS（严重急性呼吸综合征，又称传染性非典型肺炎）的暴发带来的损失就达 350 亿元。2004 年仅广东省因禽流感遭受的经济损失就超过 100 亿元。2004 年 9—10 月，甘肃省和青海省相继发生人间鼠疫病，给当地人民生命和财产造成巨大损失。

天气气候与饮食

俗话说，"民以食为天"。食物的自然分布，食物的存储、加工和运输，以及季节与饮食的关系等等，都与气候有着密切的关系。

气候与食物分布

人类虽然食物众多，但各地天然食物的分布受气候限制较大。例如，北极的因纽特人，在冰天雪地之中很难获得蔬菜，只能以食肉为主；而赤道热带地区植物型食物来源丰富且容易获得，因此当地居民以食素为主。

在中国，气候对食物影响最典型的应该属"南稻北麦"了。在秦岭—淮河以南地区，雨量充沛，非常适合种植需水多的水稻，因而，南方历史上一直以大米及其制品为主食，例如米饭、米糕、米团等。而秦岭—淮河以北的地区春天雨水稀少，素有"十年九春旱"之说，因此，历史上一直以种植耐旱的小麦为主，人们也主要以面粉制品如面条、馒头、饺子、大饼等为主食。在降水更少的内蒙古、西北地区和青藏高原上，或因干旱，或因寒冷，那里已不适宜农作物生长，当地人们主要靠放牧牛羊为业，因而便以牛羊肉和奶为主食。

水果的地域分布对气候的要求比粮食还要严格。在我国，热带、亚热带水果如椰子、芒果、菠萝、桂圆、香蕉等需要在 0 ℃以上的环境中生长，因而只能分布在华南地区。柑橘、枇杷等亚热带水果抵御寒冷的能力略强，但在 −9 ℃左右低温时仍会受到严重冻害，一般也只能分布在秦岭—淮河以南地区。秦岭—淮河

放牧

水稻

小麦

以北的温带地区则盛产苹果、梨、柿子、葡萄等温带水果。我国长城以北和新疆北部地区，因为冬季过于寒冷，苹果等温带水果也难以生长。

蔬菜品种在南、北方也有很大不同。如北方过去因为没有温室蔬菜，整个冬天都吃大白菜，但这种大白菜在南方却长不好。喜凉的北方土豆在南方也无法大规模种植，如果没有培育或引进新土豆品种，那么也只能在高寒山区种植它们。

同样，南北方经济作物也大有差异。以制糖原料为例，南方有喜温暖的甘蔗，北方有喜温凉的甜菜。糖用甜菜现在主要分布在 40 °N 以北地区。在古代没有甜菜，我国北方居民习惯吃咸，故历史上素有"南甜北咸"之说。

即使在南北方都能生长的作物，其品质和产量也有所不同。例如北方小麦的蛋白质含量高于南方，磨出的面粉口感好。新疆等干旱地区阳光强、昼夜温差大，生长期内热量丰富，使瓜果内糖分累积较多，因而特别甜美。鄯善的哈密瓜、吐鲁番的葡萄、库尔勒的香梨驰名中外。

气候与食物存储

气候对粮食作物的存储和运输影响很大。食物储存中最关键的是库存粮食的储存，因为库存粮食数量极为巨大，一旦生虫、变质，轻则降低营养价值，重则不能食用，造成巨大损失。

当粮库温度在 20 ℃ 以上，相对湿度 90% 以上，粮食含水量在 16% 以上时，最适宜霉菌等微生物生长繁殖，高温高湿也有利于蛀虫（如米象等）生长。因此，粮库要采取通风、降温、除湿等措施，必要时储粮还要晾晒。

食物存放与空气湿度有很大关系。比如，空气过湿容易使粮食霉变，使食糖、食盐等因吸湿而潮解；过干会加速食物水分蒸发，影响食物品质和口感。例如北京过去的散装糕点，冬季常难以咬动。人们戏称北京一般圆形的点心是"铁饼"，而江米条之类长条形的点心是"铁条"。但特殊情况下，人们可利用干燥

技术制干化食品，例如笋干、紫菜干、咸鱼干等。过去山东农民靠秋季晾晒的红薯干为过冬主要粮食；但若秋雨过多，红薯干会发生霉变，常会造成冬季粮食短缺，导致饥荒。吐鲁番葡萄干则是依靠当地炎热且极为干燥的气候，用 40 天左右时间晒出的世界一绝的"绿珍珠"。

值得一提的是，我国北方冬季寒冷，往往为百姓储存蔬菜提供天然的条件，特别是在过去冰箱没有普及的时代。比如，我国北方过去冬季当家菜以大白菜为主，家家都大批储存过冬。但储存温度高了会腐烂，不慎受冻了会味同嚼蜡，室内存放的风干了的大白菜也无法食用。因此居民一般会挖 1～2 米深的地窖，将大白菜储存在 5 ℃左右的温度中，这样保鲜效果最好。我国东北大部分地区地下3～4 米深度处的温度全年都在 5 ℃左右，食物久储不腐，是个"天然大冰箱"。

食品在运输过程中虽然时间较短，但也和气象条件密切相关。例如食糖、食盐及其制品需要严格防雨和避免过潮、过干；水果和流质食品等冬天要防止冻伤，夏天要防止腐烂，均需配备空调的运输工具。

天气气候与饮食搭配

不同气候区中的主要食物固然有很大差异，但同一气候区中冬夏食物也有很大不同。如何做到"看天吃饭"呢？具体来说，不妨根据气象要素的具体指标，将天气、气候分为几个类型，再给出对应的较佳饮食及其搭配。

1. 湿润偏热天气

这类天气下，空气湿度高于 60%，气温在 20～30 ℃。我国许多地方的春季具有这种天气特征。在这种天气下，人体的新陈代谢较为活跃，很适宜食用葱、麦、枣、花生等食品。同时还要适当补充维生素 B 族，多吃一些新鲜蔬菜，如笋、菠菜、芹菜、荠菜等。古人认为："春发散，宜食酸以收敛"，所以春季要注意用酸调味。

2. 湿润高温天气

这类天气下，空气湿度高于 60%，气温高于 30 ℃。这其实就是我国南方夏季的主要天气特征。此时，人居天地气交之中，湿热交蒸，食欲普遍下降，消化能力减弱。故夏季饮食应侧重健脾、消暑、化湿，菜肴要做得清淡爽口、色泽鲜艳，可适当选择具有鲜味和辛香的食物，但也不可太过。由于气温高，不可多食冷饮，以免伤胃、耗损脾阳；要注意饮食卫生，变质腐败的食物不可进食，避免引发肠胃疾病，如《论语》中告诫人们："鱼馁而肉败，不食。色恶，不食。臭恶，不食。"

3. 干燥偏寒天气

这类天气下，空气湿度低于 40%，气温在 5 ～ 20 ℃。依据我国季风气候的规律，我国北方的秋季和南方的冬季，大都具有这样的天气特征。在干燥偏寒天气下，"燥邪"易犯肺伤津，引起咽干、鼻燥、声嘶、肤涩等症状，宜少食辣椒、大葱、酒等燥烈食品，多吃一些湿润并具有温热性质的食品，如芝麻、糯米、萝卜、番茄、豆腐、菱角、银耳、鸭肉、梨、柿、青果等，多饮开水、蜂蜜水、淡茶、菜汤、豆浆以及多食水果等，以润肺生津，养阴清燥。

4. 干燥寒冷天气

这类天气下，空气湿度低于 40%，气温低于 5 ℃。这种天气在北方冬季持续的时间较长。宜多吃一些热量较高的食品。《千金翼方》记载："秋冬间，暖里腹"。我国冬天的饮食习惯的确是多食蛋禽类、肉类等热量多的食品，而烹调多半采用烧、焖、炖等方法，其中以"冬令火锅"最受青睐，经久不衰。当然，干燥寒冷天气下，也必须注意饮食平衡，尤其要注意多食蔬菜（火锅也要尽可能地"荤素搭配"），同时还要适当吃一些"热性水果"，如橘、柑、荔枝等。

还要指出的是，当在空气湿度 50% 左右，气温 20 ℃ 左右的比较宜人的天气

条件下，可供选择和搭配的食品较多，以性味中性的食品为主、兼顾个人饮食爱好为最佳选择。

此外，在我国四川、湖南、贵州等西南地区，当地居民一年四季都喜欢吃辣椒，民间素有"湖南人不怕辣，贵州人辣不怕，四川人怕不辣"之说。这是因为这些地区一年四季特别是冬季比较阴冷潮湿，吃辣椒有祛风去湿、散寒健胃之效。

最火的美食电视节目《舌尖上的中国》，体现食物与气候关系的例子比比皆是，有兴趣的话，读者可以试着去查阅。

气候与农业

主要的农业气候资源

气候是自然资源中影响农业生产最重要的组成部分之一，它提供的热、光、水、空气等能量和物质，对农业生产类型、种植制度、布局结构、生产潜力、发展远景，以及农、林、牧产品的数量、质量和分布都起着决定性作用。

热量是决定植物分布的重要因素。从赤道到两极，热量分布的有规律变化，为地面上各种植物带的规律变化奠定了基础；同理，高山地区植物的垂直带分布现象，也是从山麓到山顶热量分布不均匀的反映。一个地区热量的累积值不仅决定该地区作物的一年几熟，还决定着农作物的分布和产量。

光照是绿色植物生存的必要条件之一。只有在太阳光的照射下，绿色植物才能进行光合作用，把无机物合成为有机物，吸收二氧化碳，产生氧气。

降水对农业生产的影响是显而易见的。现代社会，人与自然斗争的能力有了很大的提高，但以露天作业为主的农业

仍然在很大程度上要"靠天吃饭"。这个"天"既是阳光，也是雨露。植物体内含水量较大，一般在80%左右，蔬菜和块茎作物更高，达90%～95%。因而，大气降水的多少和时间分配，对农作物的生长和产量关系极大：春雨充足，保证冬小麦需水关键期的用水，能获得丰收；伏雨充足，为适时播种和冬前生长提供有利条件。

气候与粮食作物

这里以水稻为例，我国南至海南岛，北至黑龙江省，东起台湾，西至青藏高原广泛种植着水稻。根据生态环境和品种特性，我国稻作区可分为：南方双季稻作区，属籼稻为主的双季稻区，分布于两广、闽、台等省（自治区），其南部可发展三季稻，少数地区试种三季稻加冬禾栽培；华中双季稻作区，主要指季风亚热带湿润气候地区；北方稻作区，为一季粳稻区，散布于秦岭—淮河一线以北的暖温带和温带，还包括东北早熟稻作区和西北干旱稻作区。

水稻起源于湿热地带，为喜湿、适应性广的作物。不同类型的水稻品种，无论种植于南方还是北方，或不同季节栽培，都具有高温短日照条件抽穗和成熟的光温特性，均需保持秧田湿润，不宜长期淹灌，要求日照充足，若遇10 ℃以下的连续阴雨、低温，常导致烂秧。但不同类型的品种在不同生育期对气候条件的要求有较大的差异。比如，水稻幼苗期、粳稻发芽期要求日平均气温在10 ℃以上；籼稻要求在12 ℃以上，最适宜的温度为25～32 ℃。

由此可见，水稻种植和当地气候条件关系密切。同理，小麦、玉米等粮食作物也都受到气候的影响，因此，因地制宜进行种植至关重要。

气候与油料、糖料作物

花生喜温暖，属热带、亚热带一年生草本油料作物。花生不耐低温，怕霜冻，主要分布在辽宁以南的暖温带和亚热带地区。海拔过高的地区，昼夜温差较大，不利于花生生长。大豆是喜温而又较耐冷凉的作物，既可以作为粮食作物，也可以作为油料作物。大豆在我国分布很广，主要产区位于 44 °N ～ 52 °N，如东北的松辽平原和华北的黄淮平原。

甘蔗属热带、亚热带作物，具有喜高温、需水量大、生长期长的特点，是我国主要的糖料作物之一，主要分布在长江流域以南地区，以广东、广西、台湾、福建、云南、四川等地较多。温度的高低、温暖期的长短及降雨期雨量的多寡，对甘蔗生育和糖分积累影响很大。我国另一种主要的糖料作物是甜菜，甜菜具有耐寒、耐旱、耐盐碱、适应性强的特点，主要产区位于东北平原的黑龙江、吉林两省，次产区位于内蒙古的河套灌区和新疆，之后扩展到黄淮流域中部地区，长江以南一些冬闲田也有少量种植。

花生   甘蔗

气候与经济林木

柑橘类是我国亚热带地区的重要水果，主要种植在夏无酷热、冬无严寒、日照充足、降水丰富的地区。柑橘要求年平均气温在 15 ℃以上，最冷月平均气温在 5 ℃以上，最低气温不宜低于 –5 ℃。甜橙类在最低气温低于 –5 ℃时会发生冻害，金橘要求极端最低气温在 –9 ℃以上。

茶树是一种典型的亚热带季风区多年生常绿经济作物，对气候条件要求严格，种植界限和适宜区域均受气候条件限制。茶树对热量条件要求较高，年平均气温 15 ℃以上的地区才能种植茶树，最适宜栽培茶树的地区年平均气温为 15 ～ 25 ℃，茶树生长的适宜日平均气温为 15 ～ 30 ℃。冬季由于温度较低，我国大部分茶区的茶树均处于休眠状态。茶树生长还与当地湿度大有关系。我国有名的云雾茶多产在多云雾的高山地区，如江西庐山。

橡胶是典型的热带雨林树种，要求炎热、湿润、多雨、微风的气候条件。年平均气温在 23 ℃以上，冬季极端最低气温在 5 ℃以上的华南地区，适宜种植橡胶。

柑橘　　　　　　　　　　　　　　茶园

气候与畜牧业

畜牧业，无论是饲料生产，还是牲畜放牧、繁殖、育种、饲养管理，均受到天气和气候条件的影响和制约。这就是说，畜牧业生产水平的高低、产品数量的多少、质量的优劣，既取决于家畜的遗传因素，也依赖于生长发育的气候环境条件。

气候对家畜的影响是多方面的，不仅影响家畜的种类和品种的区域分布，还会直接影响家畜的生长发育、生产性能和繁殖机能及品种的培育和改良等。

恶劣的天气和气候，比如牧区的干旱（黑灾）和大风雪（白灾），常常造成家畜大量死亡。黑灾多发生于内蒙古西部、甘肃、宁夏、青海南部地区；白灾多发生于黑龙江、内蒙古东部、新疆北部及青海南部地区。对这些畜牧业的严重灾害，必须注意采取综合措施加以防御。

黑灾　　　　　　　　　　　　　　白灾

气候与工业

　　在庞大的工业系统中，几乎所有的行业都会不同程度地受到气候的影响，工业布局、工业建设、工业生产过程与气候条件密切相关。

　　合理布设工厂，需要风向、风速等资料；工业建设中的高大建筑，如铁塔、水塔和烟囱等，需要风压、雪压等资料；纺织工业、造纸工业等，需要温度、湿度资料。同时，工业生产过程排放的烟尘废气，能改变辐射差额和热量平衡，导致局部气候发生变化。

　　首先，拿建筑业来说，它和农业有相似之处，均属于露天作业，受气候的影响自不待言。太阳辐射的强弱、气温的高低、风向及风力的大小、降水的多寡等，对建筑物的规划设计和现场施工都有举足轻重的影响。

建筑工地

　　在建筑物设计中，建筑物的总体设计及风格、室内采光、地基的深浅、建筑材料的选择等都必须以适应当地的气候条件为前提；在施工过程中，低温、冰冻、雨雪、大风等会影响到建筑物的质量和建筑施工的安全。例如，风会对建筑物产生风压和风振，强风会损坏建筑物的结构，造成房屋倒塌，危及人的生命安全。

　　同样，海盐生产也是露天作业，基本上是"靠天吃饭"，气温高低、天空状况、风力大小、雨量及雨日多少等都会对之产生显著影响。

海盐生产

至于那些生产过程主要在厂房内进行的工业部门，如纺织业、印刷业、电子业等，也或多或少地受到气候的影响。有些精密实验室和工厂要求严格的温度和湿度条件，甚至要恒温、恒湿。有的对空气的含尘量也有严格要求。譬如，厂房选址会考虑所在地的风向与风速，因为会影响空气污染物的稀释与扩散，以及考虑厂房的风荷载和室内通风情况等。

还有在石油的勘探、开采、运输与储存，煤炭的采掘过程中，气候条件不仅影响生产效率，而且关系生产安全。

特别要指出的是，极端气温（高温或低温）、强风、暴雨、高湿、冰雪、恶劣能见度等均会影响工业生产的效率和质量，增加能耗，尤其对能源、建筑、采矿、交通、食品、石油化工等行业影响较大。如耗资 10 亿美元于 1997 年建成通车的加拿大联邦大桥，为适应设计寿命内气候变化引起的海平面上升的影响使其造价大大增加。

天气气候与交通

气候对古代交通的影响主要反映在交通方式上。因而历史上我国素有"南船北马"之说。这是因为，北方雨季短，雨量少，气候干燥，因而人们多以车马代步；南方雨季长，雨量多，因而河湖港汊稠密，船舶行驶十分方便，还可载重。这南北分界线大致在淮河一带。而在西北内陆干旱沙漠地区，沙漠之舟——骆驼，几乎成为唯一的交通工具。在海洋上，轮船发明以前，人们主要靠风力进行远洋航行。例如我国明代郑和七下西洋，就是利用偏北的冬季风向南进发，夏季乘偏南的夏季风向北回到祖国。

步入近代，尤其是工业革命以后，汽车、火车、轮船和飞机等交通工具快速且方便，但它们对气象条件的依赖更明显了。

影响海上交通的气象要素主要包括海雾、大风和海冰等。一般说来，和陆雾相比，海雾覆盖面积较大，且能见度较低，常常小于 100 米，从而使船只被迫减速以至停驶，浓雾还常造成船舶迷航以至相撞、搁浅或发生触礁等事故。

造成海上大风的天气系统主要是台风、温带气旋和寒潮。台风是海上最危险的大风天气，台风中心附近风力常达 12 级或以上，一般船舶是无法抵抗的，历史上由台风造成的沉船无数。不过，遇到台风的机会不是特别多，而在温带西风带洋面上温带气旋频繁出现，它的最大风力虽说比台风小些，但总影响较大。江河湖面上也不乏大风的出现，2015年6月1日发生在长江湖北监利段的"东方之星"号客轮因遭遇强对流天气而翻沉，导致全船454人中442人遇难，仅12人获救。这是截至2015年中国内河航运史上由于天气原因造成的事故中最严重的一次。另外，中纬度冬季和高纬度的海洋上因为温度低，海冰的存在对航运的潜在危险很大，如著名的"泰坦尼克号"邮轮就是由于撞击海冰而沉没的。

铁路从工程设计、施工到运行无不受气候的影响，特别是暴雨、积雪、大风、雷暴等灾害性天气。据20世纪80年代的统计，我国主要铁路干线因水害中断运输平均每年达100次以上，居各不利气象条件之首。最严重的1981年，超过了200次。在我国西南山区，由于山高坡陡，暴雨引发的泥石流对铁路交通造成的影响非常严重。在高山上或冬季寒冷多雪地区，积雪封锁铁路交通的事故时常发生。一般说来，雪深超过40厘米，行车速度就被迫降低；70厘米以上就不能行驶了。在新疆很多地方大风造成火车出轨以至颠覆的事件在建立专门的气象观测预报之前也时有发生。此外，雷暴也是铁路安全运行的一大威胁。由于雷电容易击中高架的电线，尤其是电气化铁路的高压动力输电线路，可造成列车失控，发生沿山坡下滑的危险事故。因此在铁路选线时，雷暴是一个必须考虑的重要因素。气温对列车运行也有影响。气温高时列车起动快，气温低时则慢。低温下列车用的柴油易冻结，当气温在−18 ℃左右时，柴油必须加热处理才能保持流畅。−18 ℃时，列车的牵引力（吨位）与常温下相比大约减少5%，−28 ℃和−40 ℃时更分别减少15%和40%之多。在高海拔地区，由于气温低、氧气

少，每升高 1000 米，柴油机车功率约降低 10%。另外，在青藏高原地区季节性冻土对铁路交通的影响也不容忽视。

汽车在当今世界上使用最为普遍，影响汽车行驶的不利气象因素主要有低温、积雪、积冰、低能见度、暴雨等。在我国东北、内蒙古、新疆北部和青藏高原上的冬季寒冷地区，气温可以降到 −20 ℃以下，汽车挡风玻璃上往往会结霜且不易擦掉，影响驾驶员的视线，从而影响车速。低温也会使汽车燃油发黏，不易雾化，在汽缸内难以点燃。当气温低于 −35 ℃左右时，润滑剂也不易渗透到各个部位，汽车机械性能变差，刹车易失灵，机械故障大大增多。冬季中，一般积雪厚度达到 20 ～ 30 厘米，行车就很困难，超过 30 厘米一般都要停驶。此外，冬季雪面路滑，特别是白天在阳光下稍稍融化后重又结起的冰更是行车大敌。在山区，当雪层积到一定厚度时，坡上便会发生规模不等的雪崩，严重阻塞交通。能见度差也是汽车最常出事故的天气原因之一。暴雨和大雾天气时道路能见度较差，汽车速度被迫降低，甚至停驶。暴雨还易带来洪涝灾害，对驾车危害极大。

现在，民用航空已为人们出行的主要交通方式之一，它是受天气和气候影响最大、最明显的交通方式。

对航空来说，首先需要良好的能见度才能起飞或降落。影响能见度的天气主要有雾、毛毛雨、沙尘暴、大雨、大雪、吹雪等。其中最常见、影响最严重的是雾。迄今世界上最大的一次空难就是发生在雾天：1977 年 3 月 27 日西非加那利群岛圣克鲁斯机场上一架荷兰航空公司的客机在机场有雾的情况下起飞，与一架向起飞线滑行的美国泛美航空公司的客机相撞，造成 583 人死亡的大惨案。目前，世界上大型机场人工消雾已成为重要业务工作。我国冬季因大雾导致航班延误，机场滞留乘客数千人的事，每年都有发生。

在航空中，风亦不可忽视。飞机都采取逆风起降，因为这样飞机升力大，滑行距离最短，最安全。顺风起降易使飞机冲出跑道，侧风则会使飞机偏离跑道出事。当然，如果风速过大，逆风起降也不安全。但风对飞行安全影响最严重的还是"低空风切变"，也就是在低空中风向和风速在短距离内发生剧烈变化。因为风切变会造成飞机剧烈颠簸，严重时可导致飞机解体而失事。低空风切变中有一种特别危险，气象学中叫作"下击暴流"。它们多数发生在积雨云等对流云体下，强下沉气流甚至可以直达地面。正在起飞或降落的飞机，一旦进入这种强下沉气流中，飞行员常猝不及防，往往还来不及拉起机头就一头栽倒在地面上了。但是，风也是可以加以利用的。例如在高空急流（风速很大的区域）中顺风飞行，可以大大节省燃料和缩短飞行时间。逆风飞行则正好相反。例如，北京飞往乌鲁木齐的大型喷气客机必须飞行 3 小时 45 分，但回程因为顺风（高空西风），只需 3 小时 15 分。飞机因此可少装油料，而多载旅客、货物。

特别要提及的是空中的积雨云，因为积雨云中常伴有闪电、雷击、冰雹，更有很强的上升和下沉气流。飞机一旦飞入其中，便好像玩具似的被上下抛掷，弄不好就折翼散架了。

另外，气温的高低关系到飞机滑跑距离和载重量。气温高时，空气密度小，发动机推力小，飞机增速慢，升力减小，所需滑跑距离加长，最大升限减小。气温低则相反。因此，根据飞机速度、跑道长度和当时气温可计算出飞机起降的允许载重量。例如载重 120 吨的喷气式飞机，在气温 15 ℃下可比 30 ℃时多载重 7 吨之多。这样在保证飞行安全的前提下可以获得最大经济效益。

气候与建筑

　　房屋，是用来遮风避雨、防寒保暖的。数千年来，各地人民在长期的实践中，建造出风格各异、美观实用、具有明显地方特色的传统民居，房屋的内外部结构、高度、造型、建筑材料以及色彩等方面都有很大的差别。这些差别除了与传统文化有关外，与当地的气候条件（降水、气温、日照、风、相对湿度等）也密切相关。所有形式的民居都是人们适应气候和利用气候的具体体现。

　　降雨多和降雪量大的地区，房顶坡度普遍很大，以加快排水和减少屋顶积雪。中欧和北欧山区的中世纪尖顶民居就是因为冬季降雪量大，为了减轻积雪的重量和压力而设计的。我国云南属热带季风气候区，炎热潮湿，当地傣族、拉祜族、佤族、景颇族的竹楼多采用歇山式屋顶，坡度陡，达 45°～50°，下部架空以利通风隔潮，室内设有火塘以驱风湿。这种高架式建筑在柬埔寨的金边湖周围、越南湄公河三角洲等地亦有分布。我国东南沿海厦门、汕头一带以及台湾的骑楼往往从二楼起向街心方向延伸到人行道上，既利于行人避雨，又能遮阳。湘、桂、黔交界地区侗族的风雨桥、廊桥亦是如此。降雨少的地区，屋面一般较

竹楼　　　　　　　　　　　骑楼

风雨桥　　　　　　　　　廊桥

平，建筑材料也不是很讲究，屋面极少用瓦，有些地方甚至无顶，如撒哈拉地区和我国西北某些气候干旱的地方。

此外，降水多的地方，植被繁盛，建筑材料多为竹木；降水少的地方，植被稀疏，建筑多用土石；降雪量大的地方，雪甚至也能用作建筑材料，如爱斯基摩人的雪屋，及我国东北鄂伦春人冬季外出狩猎时也常挖雪屋作为临时休息场所。

温度高的地方，往往墙壁较薄，房间也较大；反之则墙壁较厚，房间较小。曾有人通过调查欧洲各地的墙壁厚度发现，英国南部、荷兰、比利时墙壁厚度平均为 23 厘米；德国西部、德国东部为 38 厘米；波兰、立陶宛为 50 厘米；俄罗斯则超过 63 厘米。愈靠海，墙壁愈薄；反之墙壁愈厚。这是因为欧洲西部受强大的北大西洋暖流影响，冬季气温在 0 ℃以上。而愈往东则气温愈低，莫斯科最低气温达 –42 ℃。中国西北阿勒泰地区冬季漫长严寒，这里房子外观看上去很大，可房间却很紧凑，是因为这种房屋的墙壁厚达 83 厘米，有的人家还在墙壁里填满干畜粪，长期慢燃，以供取暖之用。中国北方农村住宅一般都有火炕、地炉或火墙。北方城市冬季多以燃煤供暖，近年来大多已改用暖气管道或热水管道采暖。部分地区采用电取暖方式，以减少燃煤带来的污染。

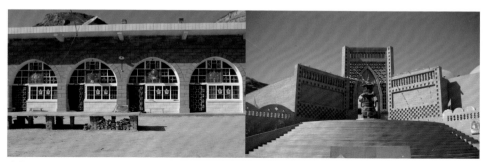

窑洞　　　　　　　　土拱

蒙古包　　　　　　　四合院

有些地方为了抵御寒冷，将房子建成半地穴式，我国东北古代肃慎[1]人就住这种房子，赫哲族[2]人一直到新中国成立前还住着地窨（yìn）子。一些气温高的地方，也选择了这种类型的地窨子，如我国"高温冠军"吐鲁番几乎家家户户都有一间半地下室，是用于暑季纳凉的，据测量在土墙厚度80厘米的房屋内温度如果为38 ℃，那么半地下室里的温度只有26 ℃左右。我国陕北窑洞兼有冬暖夏凉的功能，夏天由于窑洞深埋地下，泥土是热的不良导体，灼热阳光不能直接照射到里面，洞外如果38 ℃，洞里则只有25 ℃，晚上还要盖棉被才能睡觉；冬天却起到了保温御寒的作用，朝南的窗户可以使阳光盈满室内。气温高的地方，往往将房屋隐于林木之中，据估计夏天绿地比非绿地要低4 ℃左右，在阳光照射下建筑物只能吸收10%的热量，而树林却能吸收50%的热量。

光照能杀死室内细菌或抑制细菌发育，满足人体生理需要，改善居室微小气候。北半球中纬地区，冬季室内只要有3小时光照，就可以杀死大部分细菌。因此，从采光方面考虑，房屋建筑需注重三个方面：采光面积、房屋间距和朝向。气温高的地方，往往窗户较小或出檐很远，以避免阳光直射。吐鲁番地区的房屋窗户很小，既可以避免灼热的阳光，又可以防止风沙侵袭。蒙古游牧民族居住的蒙古包帐顶留一圆形天窗，就是为了方便采光及通风。傣族民居出檐深远，一是为了避雨，二可遮阳。有些地方还在屋顶上做文章，如《田夷广纪》记载：我国西北一些地区"房屋覆以白垩"以反射烈日，降低室温。气温低的地方，朝南窗户一般较大，以充分接收太阳辐射，但窗户往往是双层的，以避免寒气侵袭，如我国东北地区。宁夏的"房屋一面盖"也是为了充分利用太阳辐射。日本西海岸降雪量大，窗户被雪掩盖，因此，常常还在屋顶上伸出一个个"脖子式"高窗，以弥补室内光照不足的状况。

光照是影响房屋朝向的因素之一。北半球中高纬地区房屋多坐北朝南，南半球中高纬地区则多坐南朝北，赤道地区房屋朝向比较杂乱，这与太阳直射点的南北移动有关。房屋之间的间距是有讲究的，尤其是城市中住宅楼的设计，必须至少满足底楼的光照要求。

---

[1] 肃慎，中国古代东北民族，是现代满族的祖先。

[2] 赫哲族，我国人口最少的民族，主要生活在东北。

　　风也是影响建筑物风格的重要因素之一。防风是房屋的一大功能，有些地方还将防风作为头等大事，尤其是在台风肆虐的地区。日本太平洋沿岸的一些渔村，房屋建好后一般用渔网罩住或用大石块压住；中国台湾兰屿岛，距台风源地近，台风强度大，破坏性极强，因此，岛上居民雅美族人（高山族一支）创造性地建造了一种"地窖式"民居。房屋一般位于地面以下 1.5 ～ 2 米处，屋顶用茅草覆盖，条件好的用铁皮，仅高出地面 0.5 米左右，迎风坡缓，背风坡陡，室内配有火堂以弥补阴暗潮湿的缺点，还在地面上建凉亭备纳凉之用。中国北方冬季多西北风，为了避风防寒，朝北的一面墙往往不开窗户，院落布局非常紧凑，门也开在东南角，如北京四合院。

　　风还会影响房屋朝向和街道走向。我国云南大理有句歌谣："大理有三宝，风吹不进屋是第一宝"。大理位于苍山、洱海之间，夏季吹西南风，冬、春季吹西风，即下关风。下关风风速大，平均为 4.2 米／秒，最大可达 10 级（24.5 ～ 28.4 米／秒），因此这里的房屋坐西朝东，成为我国民居建筑中的一道独特风景。城市街道走向如果正对风向，风在街道上空受到挤压，风力加大，成为风口，因此街道走向最好与当地盛行风向之间有个夹角。在一些炎热潮湿的地方，通风降温成为房屋居住的主要问题，如西萨摩亚、瑙鲁、所罗门群岛等地区，房屋一般没有墙。现代住宅建筑比较讲究营造"穿堂风"，用来通风换气。

　　相对湿度会影响许多建筑材料，如受潮后降低其保温性能，这对冷库等建筑更为重要。湿度过高，会明显降低材料的机械强度，产生破坏性变形，有机材料还会腐朽，从而降低质量和耐久性。潮湿材料容易促使物品变质且易繁殖霉菌，一经散布到空气中和物品上，会危害人的健康。

气候与城市规划

　　在对城市进行规划或建筑设计时，必须充分合理地利用当地的气候资源（光照、温度、风等）有利的一面，避开或减小不利的一面。

　　建筑物的日照条件与街道方位有关，这是因为街道方位影响到建筑物的朝向，进而影响到建筑物的日照条件。例如，东西走向的街道，两旁建筑物的主要朝向为南北方向；南北走向的街道，两旁建筑物的主要朝向为东西方向。一般而言，朝北的房屋，光照条件较差。为了保证居民区街道两侧所有建筑物都有较好的日照条件，城镇街道可以采取南北方向和东西方向的中间方位，即街道与子午线成 45° 左右的夹角。

风对大气污染既有稀释作用（可使大气中污染物浓度降低），又有输送扩散作用；风向决定了污染物的输送方向。为了尽可能地减少工厂排出的烟尘、废气对居民区的污染，在常年盛行一种主导风向的地区，应将向大气排放有害物质的工业企业布局在盛行风的下风向。在风向随季节变化的地区进行城市规划时，应使向大气排放有害物质的工业企业避开冬、夏季对吹的风向，布局在当地最小风频风向的上风向，居民区布局在下风向。

由于城市人口集中并不断增多，工业发达，居民生活、工业生产和汽车等交通工具每天要消耗大量的煤、石油、天然气等燃料，释放出大量的人为热量，因而导致城市的气温高于郊区，使城市犹如一个温暖的岛屿，人们称之为"城市热岛"。通常，城市的年平均气温比郊区高出 0.5 ~ 1 ℃。当大环流较弱时，由于城市热岛的存在，引起空气在城区上升，郊区下沉，在城区和郊区之间形成了小型的热力环流，称为"城市风"。由于城市风的出现，城区工厂排出的污染物随上升气流而上升，笼罩在城市上空，并从高空流向郊区，到郊区后下沉。下沉气流又从近地面流向城市中心，并将郊区工厂排出的污染物带入城市，致使城市的空气污染更加严重。为了减轻城市的大气污染，在城市规划时，一定要注意研究城市上空的风到郊区下沉的距离。一方面将污染严重的工业企业布局在城市风下沉的距离之外，避免这些工厂排出的污染物从近地面流向城区；另一方面，应将卫星城建设在城市风环流之外，以避免相互污染。

天气气候与污染

天气气候与污染之间也存在着密不可分的关系。一方面天气和气候变化会导致污染尤其是大气污染情况发生变化，如风速的减小和静稳天气的增多是目前大气污染的一个重要"帮凶"，而雾—霾天气的消散主要依靠"风吹雨打"；另一方面，大气污染物质也会影响天气和气候。颗粒物使大气能见度降低，减少到达地面的太阳辐射量。尤其是在大工业城市中，在烟雾不散的情况下，日光比正常情况减少40％。从工厂、发电站、汽车、家庭小煤炉中排放到大气中的颗粒物，大多具有水汽凝结核或冻结核的作用。这些微粒能吸附大气中的水汽使之凝成水滴或冰晶，从而改变该地区原有降水（雨、雪）的情况。在离大工业城市不远的下风地区，降水量比四周其他地区要多，这就是所谓"拉波特效应"。如果微粒中夹带着酸性污染物，那么在下风地区就可能受到酸雨的侵袭。高层大气中的氮氧化物、碳氢化合物和氯氟烃（CFCs）等污染物使臭氧（O_3）大量分解，臭氧浓度降低导致到达近地层的太阳紫外线增强，会对人体造成伤害。还有由大气中二氧化碳（CO_2）浓度升高引起的温室效应，是对全球气候最主要的影响。全球气候变暖，会给人类的生态环境带来许多不利影响。

气候与水资源

水是生命之源。虽然地球上海洋面积很大，但真正能被人类利用的却是占比例很小的淡水。所谓水资源是指可以不断更新、具有一定数量及可用质量，能直接使用的淡水。淡水资源都来自大气降水。江、河、湖、水库中的水来自大气降水，地下水和土壤中的水分也依赖于大气降水，甚至冰川和永久雪盖也源自千万年前的大气降水。因此，尽管某一地区的水资源与气候、土壤、植被、地貌、地质等多种自然因素有关，但最终还是气候起着决定性的作用。可见，水资源是离不开大气的。

气候一直在变化，它对水资源的数量和质量的影响已经越来越显现出来了。气候变化将引起降水的地区、时间分布更加不平衡，将会使许多已经受到水资源威胁的国家更加困难。气候变化对水短缺、水质量以及洪灾和旱灾的频度和强度

雪山　　　　　　　　　　　　　　冰川

湿地　　　　　　　　　　　　　　湖泊

的影响，都对水资源管理和洪水管理带来更大的挑战，管理较差的水系统在气候变化带来负面影响的时候，表现得最为脆弱。

政府间气候变化专门委员会（Intergovernmental Panel on Climate Change，IPCC）第五次评估报告指出，预计气候变化将加重目前人口增长、经济发展和土地使用变化（包括城市化）对水资源造成的压力。预估近几十年冰川物质普遍损失和积雪减少的速率将会在整个21世纪期间加快，从而减少可用水量，降低水力发电的潜力并改变依靠主要山脉（如：兴都库什、喜马拉雅、安第斯）融水的地区河流的季节性流量，而这些地区居住着当今世界上1/6以上的人口。

降水和温度的变化导致径流和可用水量发生变化。在较高纬度地区和某些潮湿的热带地区，包括人口密集的东亚和东南亚地区，根据高可信度的预估，到21世纪中叶径流将会增加10%～40%；而在某些中纬度和干燥的热带地区，由于降水减少而蒸腾率上升，径流将减少10%～30%。另有高可信度预测表明，许多半干旱地区（如：地中海流域、美国西部、非洲南部和巴西东北部）的水资源将由于气候变化而减少。预估受干旱影响的地区将有所增加，并有可能对许多行业（如农业、供水、能源生产和卫生）产生不利影响。从区域层面，预估由于气候变化，灌溉用水需求会出现大幅度增加。

现有的研究显示，到 21 世纪 80 年代，可能多达 20% 的世界人口将生活在江河洪水可能增多的地区。预估更频繁和更严重的洪水和干旱将对可持续发展产生不利影响。温度升高将进一步影响淡水湖泊和河流的物理、化学和生物学特性，并对许多淡水物种、群落成分和水质产生不利影响。在海岸带地区，由于地下水盐碱化加重，海平面上升将加剧水资源的紧缺。

全球水资源变化情况见图 1-3。中国的水资源总量居世界第六位，但人均水资源量只有世界人均量的 26%，居世界第 109 位，中国属于人均水资源最少的 13 个贫水国家之一。中国的水资源分布也极不均衡。南方水多，经常闹水灾；北方水少，经常闹旱灾。由于受季风气候的影响，我国洪水径流量约占年径流总量的 2/3，虽然现有的 8 万座水库有一定的蓄洪作用，但大部分洪水没有被利用就奔向了大海。

我国水资源的这些特点决定了我们更容易受到气候变化的不利影响。有关研究表明，全球性的气候变暖将会使我国天然河流的年径流量整体减少，特别是淮河及其以北地区的变化幅度较大，其中辽河流域变化幅度最大，黄河上游次之，松花江最小。

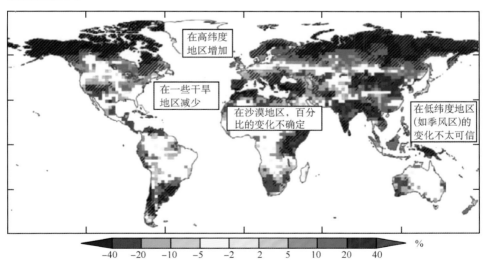

图 1-3　全球水资源变化

气候变化还会使我国各流域年平均蒸发量增大，其中黄河及内陆河地区的蒸发量可能增加 15% 左右。因而，随着径流减少，蒸发增多，气候变化将加大我国水资源的不稳定和更加突出的供需矛盾。

为应对气候变化对我国水资源的不利影响，须充分、合理地利用水资源，增强节水措施，提高水资源的利用效率，保护好雪山、冰川、湿地、河流、湖泊、森林、草原，让水资源在健康的生态中持久保存，永续利用。

气候与能源

能源问题在我国经济社会的可持续发展中具有特别重要的战略地位。中国是一个能源消耗大国，其能源消费总量居世界第二，仅次于美国，能源严重短缺，能源供需矛盾尖锐，能源安全面临严重威胁，与周边国家能源竞争激烈。为了应对气候变化、保护大气环境，不仅仅是要节能减排，更重要的是通过开发利用清洁能源、发展可再生能源来消减人类活动给气候和环境变化造成的影响，太阳能和风能在这方面可以发挥非常大的作用。

太阳能是由太阳内部氢原子发生氢氦聚变释放出巨大核能而产生的，它通过长距离的传输到达地球，这时候地球所接收到的能量约为太阳总辐射能量的二十二亿分之一，但仍然是巨大的，每年到达地球表面的太阳能约相当于 1.30×10^{15} 吨煤，是目前世界上可以开发的最大能源。太阳能还具有处处都有、便于采集、用之不竭以及开发利用不污染环境的特点。我国是太阳能资源十分丰富的国家，其中三分之二的国土面积年日照时数超过 2 200 小时，全年太阳辐射总量大约在每年 $3.34 \times 10^8 \sim 8.36 \times 10^8$ 焦 / 米 ^{2}，相当于 0.11 ～ 0.25 吨 / 米 ^{2} 煤燃烧释放的能量，见表 1-3。

表 1-3　中国太阳能资源区域划分

按年辐射总量划分	丰富地区	较丰富地区	中等地区	较差地区	最差地区
数值 /（10^8 焦 / 米 ^{2}）	6.69 ～ 8.36	5.85 ～ 6.69	5.02 ～ 5.85	4.18 ～ 5.02	3.34 ～ 4.18

世界上利用太阳能资源较好的城市，如日本东京（年辐射总量 4.22×10^8 焦 / 米 ^{2}）、英国伦敦（年辐射总量 3.64×10^8 焦 / 米 ^{2}）以及德国汉堡（年辐射总量 3.43×10^8 焦 / 米 ^{2}），对照表 1-3 不难看出，即使是我国太阳能资源较差的地区

拥有的太阳能资源（年辐射总量 $4.18 \times 10^8 \sim 5.02 \times 10^8$ 焦／米^2）也已经能满足这些城市的基本需求。因此我国发展太阳能是非常有潜力的。

太阳能光伏发电

　　风能是近地层空气流动所产生的动能。由于太阳辐射不均，地面上的气温和水汽含量会发生变化，这会引起各地之间气压的差异，在水平方向上高压地区的空气会向低压地区流动，这就形成了风。风能也是一种可再生、无污染而且储量巨大的能源。并不是所有的风都是风能资源，只有达到一定合适的速度

风能发电

（5～25 米 / 秒）并且比较稳定的风才能被风电场利用来发电。据估算，全世界的风能资源总储量约 1 300 亿千瓦，我国风能资源总储量约 32.26 亿千瓦，其中可开发和利用的风能储量约 10 亿千瓦，陆地上和近海分别占四分之一和四分之三。风能资源受地形的影响较大，世界风能资源多集中在沿海和开阔大陆的收缩地带。

当前，我国还处在工业化、城镇化、农业现代化的发展进程中，同时也处于稳增长、调结构的关键时期，能源需求和碳排放在相当长时间内仍然会有一定的增长，在这样一个阶段，大力发展和使用清洁能源，既符合国家大力推进生态文明建设，实现绿色可持续发展的整体思路，也是积极主动应对气候变化，体现大国担当的必然选择。

气候与生态文明

在当今世界面临的各种问题中，气候变化问题由于涉及面广、影响深远而备受关注。气候变化几乎与其他所有的生态环境问题都互相关联，气候变化不仅直接导致水资源短缺、土地荒漠化、生物多样性减少，同时对于酸雨、臭氧层破坏也具有不可忽视的影响。由于气候变化问题的全球性、长期性、综合性和不可逆性以及与其他生态环境问题的关联性等，气候变化问题是当前人类面临的诸多生态危机中的重中之重。因此，正如解决生态危机需要提高到新文明的高度和广度上一样，面对气候变化，必须从经济、社会、文化等各个方面对工业社会进行改造，才能使人类真正走出气候变化危机的困境。

原始文明的发展呈现出不得不面对外在自然界并随着自然的变化而变化和各个族群相对独立的发展趋势。即使到了农耕和畜牧社会，这种趋势也没有发生根本性的改变，只不过是族群文明逐渐发展为民族性或国家性的区域文明。然而，随着工业化生产方式的产生和发展，人类获得了一种新的生存和发展方式。这种以技术为基础的工业文明在市场经济的推动下，从广度和深度上大大提高了人类改造自然的能力，从而改变了人与自然的关系，使人类真正获得一种"独立"发展的能力。

越来越多的事实表明，气候格局与人类的适应性，决定维持生命的食物、淡水和其他资源的可利用性，气候异常变化，土地利用的变化，大气化学组成的异常变化等，都会对农业、林业、渔业等人工管理生态系统和人类生命保障系统产生深刻影响。气候变化导致灾害性气候事件的增加，如干旱和热浪的持续，可增加城市和森林、草场发生火灾的可能，会破坏粮食生产和水供应，长期持续和过量的降雨会引起洪水、延误农业耕种、污染水源及破坏生产。气候变化将改变农业生产条件，导致农业生产的不稳定性增加，农业生产布局和结构变动，粮食产量的波动，使农业生产成本和投资额外增加。全球气候变化对畜牧业、渔业、林业等也将产生严重影响，全球变暖将导致水资源供应更加紧张，特别是干旱和半干旱地区。气候变化还影响人类健康，在过冷、过热条件下死亡率都将增加。气温的上升会导致冰雪的融化，海平面上升，直接威胁到居住在海岸边、岛屿上和河流三角洲等低洼地带人们的生产和生活。

上述种种的生态危机，构成的生态安全的威胁，往往来自于人类自身的活动，这就是说，人类活动引起环境的破坏，导致自己所处的生态系统形成对自身的威胁。当自然资源的供给能力和生态环境的自我修复能力达到濒于崩溃的临界点时，生态危机就会在全球范围内蔓延，而气候变化就成为最重要的生态环境问题。

从对生态危机的认识和实践来看，在最初的一段时间里，人们只是采取局部性措施来解决生态危机。然而，随着对人与自然关系认识的逐步加深，对工业文明发展进行的反思和批判，人们认识到应从构建和发展新文明的高度来解决生态危机。生态危机的解决途径——生态文明，为人类文明的一体化发展提供了契机。

生态安全由众多的因素构成，其对人类生存和发展的影响程度各不相同，生态安全的条件也不相同。生态安全的概念，首先是针对宏观生态问题提出的，但生态安全的威胁往往具有区域性、局部性。当前人们最为关切的生态安全问题，如洪涝灾害、沙尘暴等大多数属于区域尺度，因此，可按地理区、生态区或行政区研究生态安全问题。

中国是一个发展中的大国，也是一个环境问题大国，粗放式地开发利用资源，已经造成了资源极大浪费及生态环境严重失衡，生态安全问题形势严峻。中国生态安全战略格局如图1-4。

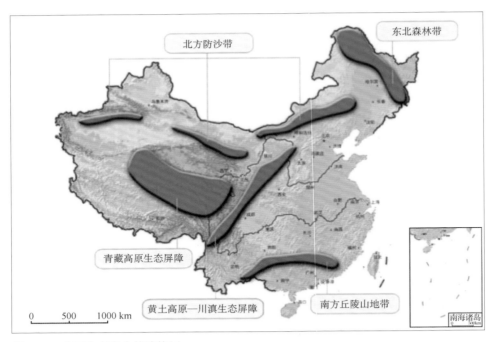

图1-4 中国生态安全战略格局

保障生态安全，是生态建设与环境保护的首要任务。气象条件作为生态系统最重要的组成之一，也是最频繁、最重要的驱动力之一。生态气象业务服务是通过对有关生态因子监测，研究气象条件与生态系统、环境之间的相互关系和作用，实时发布监测与评估报告，为生态建设与环境保护提供科学支撑，对实现生态环境保护和经济的可持续发展有重要的现实意义。

气候在变化

气候与天气一样，也在发生着变化，只是它变化的速度比天气的变化要慢得多。历史上各个不同时期的气候状况与今天的气候相比是完全不同的。比如，现在的美国芝加哥在很久很久以前曾被厚厚的冰层覆盖，气候与现在格陵兰岛差不多。而在英国伦敦的街道和广场下方，科学家们曾挖掘出热带气候所特有的动物遗骸化石，比如河马和大象的化石。

即便是今天，地球上的气候也在悄然发生着变化，只不过这种变化的进程十分缓慢，让人难以发现。假如半个世纪以来，地球的平均温度一直在上升或下降，这并不意味着这种趋势会在未来继续下去，所以短期内发生的一些气候变化并不是那么可靠。正如在图 1-5 的气温变化曲线中，从整体上看气温表现为上升的趋势，但在圆圈标注的位置却很难确定它拥有一个什么样的趋势。也就是说，把一个短期内出现的趋势置入一个长期的模式当中，你很难说清楚这个记录是如何变化的，其困难程度和让你猜一个密闭的盒子里有什么一样。这也就是为什么人们要研究历史上气候的变化，因为只有了解和掌握历史的气候变化规律，才能帮助我们更好地预测未来的气候变化。很多科学家对于气温会持续上升产生了怀疑，因为在 2001—2013 年全球地表平均气温基本上没有明显的变化（如图 1-5 中方框标注区域），但在 2014 年全球表面温度创新高后，2015 年成为有观测记录以来最暖的一年。2016 年 1 月北极的气温为有记录以来第二次在冬季达到 0 ℃以上。这些都说明了气候变化的复杂性。

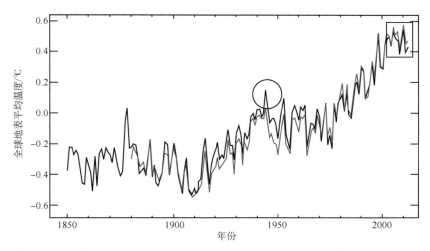

图 1-5　全球地表平均气温变化（相对于 1961—1990 年的平均值）

我们还应注意到，气候学和天气学虽然不同，但两者的基础都是来自于人们对大气活动方式的了解。地球的公转和自转、空气的流动、海水的流动、火山爆发等都会对大气活动方式产生影响。因此，对这种客观存在却又不易短期内觉察（亦可能在短时间内出现反常现象，比如在暖冬趋势中出现的寒冷现象）的气候变化应该有个科学的认识。

二、谁决定了地球气候

地球气候的总导演——太阳

太阳究竟是什么样的

在浩瀚的宇宙中，地球只是一颗并不起眼的普通行星，它与其他 7 大行星、小行星、流星、彗星以及星际尘埃等，按照一定的轨迹，围绕着太阳这一恒星运转。但只有地球成为了太阳的"宠儿"，它们之间的距离不远也不近，刚好可以保证地球上形成能够存在生命的独特气候系统。

如果想要了解太阳是如何影响地球气候的，那么我们首先要了解太阳的内部结构，他由哪些部分组成，这些部分分别具有哪些特征，又扮演着怎样的角色。

太阳是太阳系中唯一会发光的恒星，是太阳系的中心天体。太阳系质量的绝大部分（接近 99.9%）都集中在太阳上。其内部由内到外由核心、辐射层、对流层、光球、色球等部分组成，如图 2-1。

太阳的核心是指距离太阳中心不超过太阳半径 1/5 或 1/4 的区域，核心内部的物质密度高达 150 克/厘米 ^{3}，大约是水密度的 150 倍，温度接近 1 360 万 ℃。

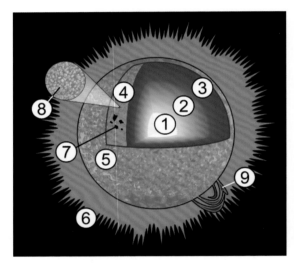

图 2-1　太阳的结构

①核心；②辐射层；③对流层；④光球；⑤色球；
⑥日冕；⑦黑子；⑧米粒；⑨日珥。

核心是太阳内部唯一能经由核聚变产生大量热能的区域，99% 的能量产生于太阳核心，之外几乎没有聚变反应。太阳的外层只是被从核心传出的能量加热。在核心经由核聚变产生的能量首先需穿过由内到外接连的多层区域，才能到达光球层，然后化为光波或粒子的动能，散逸到外层的宇宙空间去。

太阳核心的核聚变功率随着与太阳中心距离的增大而减小，在太阳中心，核聚变的功率密度仅有 276.5 瓦 / 米 ^{3}，大约是成年人平均单位体积消耗功率的 1/10，但由于核聚变规模巨大，能产生超乎想象的能量。

辐射层位于 0.25 ～ 0.7 个太阳半径处，在这一区域，太阳物质炽热且稠密，只以热辐射形式将核心的热量向外输出。在这个区域内没有热对流，随着与中心距离的增加，温度从 700 万 ℃ 降至 200 万 ℃。

对流层位于太阳的外层，从它的表面向内至大约 20 万千米（或是 70% 的太阳半径）。太阳物质已经变得稀疏或已经冷却，不再能经传导作用有效地将内部的热量向外输送。当热柱携带热物质前往表面（光球）时，产生了热对流。一旦这些物质在表面变冷，它会向下沉入对流层的底部，再从辐射层的顶部获得更多的热量。在可见的太阳表面，温度已经降至 5 700 ℃，而且密度也只有 0.2 克 / 厘米 ^{3}。

太阳可见的表面称为光球，在这一层以内的球体，对可见光是不透明的，在光球之上可见光可以自由地传播到太空之中。太阳光球以上的部分统称为太阳大气层，分为 5 个主要的部分：温度极小区、色球、过渡区、日冕和太阳圈。

太阳看起来宁静，实际上却时时刻刻存在着各种剧烈扰动，太阳表层所发生的各种扰动现象统称为太阳活动，包括太阳表面的太阳黑子、太阳耀斑和携带着物质穿越太阳系且不断变化的太阳风。太阳活动对地球产生巨大的影响，包括形成地球上高纬度的极光、扰乱无线电通讯和电力等。

太阳黑子就是一种最为常见的太阳活动现象。太阳黑子是经常出现在太阳表面光球层的暗黑斑点，发展完全的黑子通常是由较黑的"本影"核和周围比本影

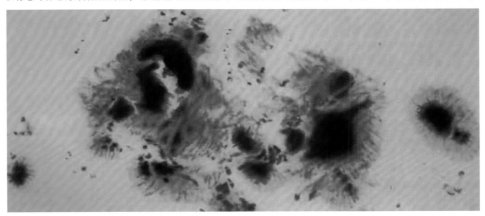

太阳黑子

亮的"半影"组成。太阳黑子经常成群出现,其大小很不相同,有的小到刚刚可以看到,有的却比地球大上十余倍。大黑子群通常是由几十个大小不等的黑子组成,黑子越大,寿命越长。

分析长期的太阳黑子观测资料,发现有的年份每天出现的黑子数比较多,有的年份则比较少。统计表明太阳黑子相对数的年平均值有一个周期性的变化,11年左右为一个周期,称为太阳黑子周期。图 2-2 绘出了从 1900—2002 年的太阳黑子相对数年平均值的变化情况。

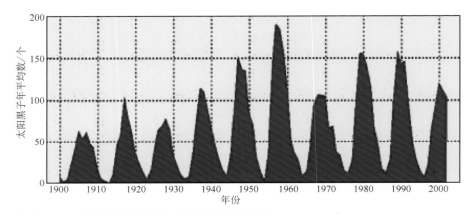

图 2-2　太阳黑子相对数年平均值随年份的变化

太阳黑子在 11 年的周期变化中,除了数量的改变,还有纬度分布的变化。太阳黑子周期在开始时,通常出现在高纬度(40°～50°)之间,随着数量的增加,黑子出现的位置逐渐向太阳赤道接近;当在 11 年周期即将结束时,太阳黑子通常出现在赤道附近,而且数量稀少。当太阳黑子又出现在高纬度时,就

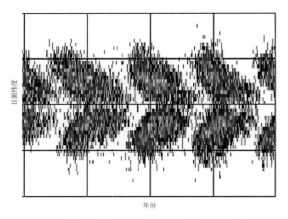

图 2-3　反映太阳黑子活动规律的"蝴蝶"图

意味着新一轮的太阳黑子周期开始了。如果把日面纬度作为纵坐标,以时间作为横坐标,将黑子画到图上,我们就得到一幅美丽的"蝴蝶"图(图 2-3)。

太阳活动对地球有哪些影响

太阳对人类而言至关重要。地球大气的循环，昼夜与四季的交替，地球冷暖的变化都是太阳作用的结果，更重要的是它给人类带来了光明，维持着地球上生命的存在与延续。

为探讨太阳活动直接或间接地影响地球上的物理环境和人类生活的问题，如今，已形成一门融合了地球物理学和太阳物理学的交叉学科——日地关系学。

太阳活动在地球上最直观的现象要数高纬地区的极光了，在靠近地球两极的地方，晚上常常可以看见天空中闪耀着绚丽多彩、变化多端的光带，这就是极光。极光就是太阳发射出的高速带电粒子流到达地球后，在地球磁场的作用下，与地球两极地区高空大气分子相互作用产生的高能物理现象。观测表明，极光出现的强度和频繁程度与太阳活动的强弱有密切的关系。

研究表明，每当太阳活动频繁的年份，太阳黑子相对数增加，耀斑爆发、日冕物质抛射等现象频繁出现，并且发射出大量高能带电粒子，当其到达地球时，就会扰乱地球原有的磁场，引起地球磁暴。地球磁暴对无线电通讯和电力、航空航天、地球灾害、人体健康等都会产生重大影响。气象部门通常把这些影响称为"空间天气灾害"，主要表现为以下4点。

1. 对无线电通讯和电力的影响

当太阳发射出大量高能带电粒子运动到近地空间时，会干扰无线电通讯和地面电力传输。因此当太阳发生大规模的爆发性活动事件时，有关部门需要准备好应对措施。

2. 对航空航天的影响

高能带电粒子流会干扰和破坏航空航天探测器设备及其运行，导致导航跟踪失误，甚至使空间飞行器提前失效甚至陨落，并威胁到航空航天员的生命安全。因此，航空航天探测设备必须充分考虑这个因素，要对地球附近以及航线区域的磁场状况、太阳风状况有详细的了解，并考虑好预防措施。

3. 对地球灾害的影响

太阳活动对地球上一些灾害性事件的影响，是许多科学家长期以来非常关注的研究课题。资料显示，太阳活动周期与地球上旱涝灾害和冷暖变化，以及地震均有一定的关系，这些灾害发生的年份和次数与太阳活动周期相关。

4. 对人体的影响

在太阳活动引起地球磁暴期间，人的神经系统对太阳活动变化非常敏感，某些疾病、血液系统、神经系统的变化和太阳黑子活动呈现出明显的相关性，处在磁暴中的人，会出现血压突变、头疼、心血管功能紊乱等症状。另外，依靠地磁场导航的信鸽在磁暴期间也会迷失方向，四处乱飞。

人们关于太阳活动对地球气候变化、自然灾害和人体健康的影响机理和机制的了解和认识还处于初级阶段，未来还需要在这些方面加大研究力度和投入。

为什么说太阳是地球气候的"总导演"

太阳每秒钟有 400 万吨的质量转换成能量发射向宇宙空间，虽然地球可以捕捉到的能量只有其二十二亿分之一，但每分钟仍可以得到相当于 4 亿吨标准煤燃烧所产生的热量，所以说太阳辐射对地球和人类的影响是非常大的。太阳在 50 亿年的漫长时间中只消耗了 0.03% 的质量，所以不必担心地球会失去太阳的恩赐而走向毁灭。

到达地球上的太阳辐射能量虽然只有很小一部分，但它对地球的影响却是巨大的。

1. 太阳辐射为地球地理环境的形成和变化提供动力

太阳辐射对地理环境的影响大体上可分为直接作用和间接作用两大方面。前者如岩石受到温度的变化影响而产生风化现象；后者是指地球上的大气、水、生物等地理环境要素，自身的变化以及各要素之间的相互联系，多半是在太阳的驱动过程中完成的。

比如地球气候区划分为五带，是因为地球表面不同纬度地带获得的太阳热量不同，即因为太阳辐射具有纬度差异导致了各地获得的热量也有差异。如热带一年中太阳可以直射，获得的热量最多；寒带太阳高度很低，并且有长时间的极夜，所以获得的热量最少。但是在热量盈余的地方（如赤道），温度并没有越来越高；热量亏损的地方（如两极），温度也没有越来越低，而是保持相对稳定。这是因为太阳辐射量在地球各区分布不平均，导致各区热量的差异，继而形成大气气压差，引起大气运动。大气环流将热量和水汽从地球一个地区输送到另一地区，从而造成高低纬度之间、海陆之间的热量和水汽交换，促进地球上的热量平衡与水平衡，同时也引起地球上不同地区具有不同的天气现象和气候差异。

2. 太阳辐射为我们的生产和生活提供能量

人们对太阳辐射作用最直接的感受来自于它是人们生产和生活的主要能源，如植物的生长需要光和热，晾晒衣服需要阳光等。远古时期，地球上的植物和动物在死去后，由于长年累月受到地质运动的影响，会缓慢地沉积在水底或地层下，经过高温、高压的生物及化学等作用，分解成有机物质，转化为煤、石油、天然气等燃料，把太阳辐射的能量积存下来，被称为"储存起来的太阳能"。还有太阳灶、太阳能热水器、太阳能干燥器、太阳房、太阳能发电、太阳能电池等。除直接使用的太阳能外，地球上的水能、风能也来源于太阳。

西藏的省会拉萨有一别称，号称"日光城"。为什么叫这个别称呢？因为西藏自治区位于青藏高原上，地势较高，太阳光到达地表的路程短，加上空气稀薄，天空中云量少，因而损失少，所以太阳辐射强，日照时间长，因此被称为"日光城"。直辖市重庆也有个别称，号称中国的"雾都"。为什么这个地方一年中多雾呢？因为这个地方海拔较低，而西南季风无法越过秦岭，只能影响四川盆地，故带来大量水汽；加上受地形的影响，水汽积聚不易上升，低层水汽增多。一年中多阴雨天，天空中经常阴云密布，光照少，所以人们常用"蜀犬吠日"来形容四川盆地的气候特点。

可见，地球上的一切生命过程和大多数的地理环境变化过程中，基本的能量均来源于太阳辐射。太阳辐射不仅可以为初始生产物的光合作用和产物合成提供动力，而且也是地理环境中各种主要自然因子变化和发展的动力。可以说，地理环境中所发生的绝大部分自然过程，如大气和海洋的运动、水分的循环、植物的光合作用、气温的变化、风的形成等，其最基本和最直接的能量基础都是太阳辐射。因此，说太阳是一切地球活动的总导演，一点也不过分。

决定地球气候的因子

如前所述，太阳辐射对气候形成起着决定性的作用。除此之外，地球自身运动、大气环流、地球表面状况（如海陆分布、植被、地形地貌）、火山爆发等也是影响地球气候的重要因素，人类活动对气候的影响同样不可忽视。下面分别介绍一下。

地球公转和自转决定了四季的更替

地球的公转和自转运动会导致地球上不同区域在同一时间接收到的太阳辐射不同，使全球各地吸收的热量存在巨大差异，从而进一步导致各地出现不同的气候。

地球公转是指地球按一定轨道围绕太阳转动。地球自转是指地球绕自转轴自西向东的转动，从北极点上空看呈逆时针旋转。地球的公转和自转共同造成了地球的四季变化和晨昏变化。

要想了解地球公转和自转是如何导致地球上四季的更替和变化，首先要了解和掌握几个与地球公转和自转相关的基本概念。

地球在其公转轨道上的每一点都处于同一平面，这个平面就是地球轨道面，也叫黄道面。地球轨道面与地球本身的赤道面构成一个 23° 26′ 的夹角，这个夹角叫作黄赤交角。黄赤交角的存在，实际上意味着地球在绕太阳公转过程中，自转轴对地球轨道面是倾斜的，如图 2-4。由于在公转过程中，地球始终倾斜着身子绕太

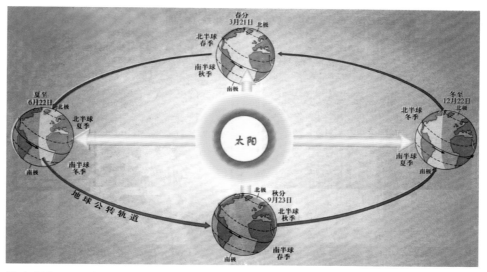

地球公转与季节变化

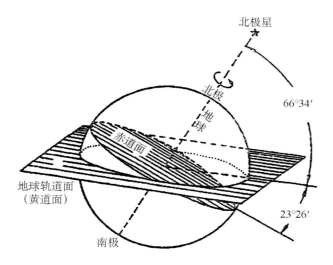

图 2-4　黄赤交角

阳公转，使得同一地方不同时间获得的太阳热量不同，从而产生了季节差异。

　　地球上的四季，不仅表现为温度的周期性变化，而且表现为昼夜长短和太阳高度的周期性变化。当然，昼夜长短和正午太阳高度的改变，决定了温度的变化。四季的更迭在全球不是统一的，北半球和南半球正好相反，即北半球是夏季时，南半球是冬季，反之亦然；同步变化过程为北半球由暖变冷，南半球由冷变暖。到了每年 6 月 22 日前后，太阳直射北回归线，这一天就是北半球的夏至日。与此同时北半球处于夏季，得到的热量最多，白昼最长，气候炎热；但南半球正处于寒冷的冬季。此后因为地球继续在公转轨道上运行，太阳的直射点便会南移。到了 9 月 23 日左右，太阳就会直射赤道，这一天是北半球的秋分日。此时南半球和北半球得到的太阳热量相等，昼夜平分，北半球是秋季，南半球是春季。地球继续运转，到 12 月 22 日左右，太阳便直射南回归线，这一天是北半球的冬至日。此时北半球处于冬季，得到的热量最少，白昼时间最短，气候相当寒冷；而南半球刚好是夏季。太阳直射点北返以后，在 3 月 21 日左右，太阳再次直接射向赤道，这一天是北半球的春分日。这个时候，北半球处于春季，而南半球却是秋季。地球就是这样以一年为周期不停绕太阳公转，从而产生了四季的更替。一年中太阳直射点、正午太阳高度（北回归线以北）和北半球昼夜情况见表 2-1。

上述根据地球公转和自转的位置划分的四季称为天文四季。现在我国采用的四季与欧美各国的一致，如表 2-2 所示，这种划分，在气候统计上比较方便，但从气温变化角度来说，就不够准确了。

表 2-1　典型节气太阳直射点、正午太阳高度和昼夜情况

节气	太阳直射点	正午太阳高度（北回归线以北）	昼夜情况（北半球）
夏至	北回归线	全年最高	昼长夜短
秋分	赤道	中间值	昼夜平分
冬至	南回归线	全年最低	昼短夜长
春分	赤道	中间值	昼夜平分

表 2-2　欧美四季的划分（以北半球为例）

季节	时间	北半球所获热量情况
春	3—5 月	介于夏、冬两者之间
夏	6—8 月	多
秋	9—11 月	介于夏、冬两者之间
冬	12 月—次年 2 月	少

局地火山爆发真的能影响全球的气候吗

火山爆发也是影响天气和气候的一个重要因素，但并不是所有的火山爆发都会影响气候，只有在火山爆发之后向平流层中喷入大量的微小颗粒才能改变气候。在平流层低层，存在空气的水平运动，火山喷发的熔岩、尘土以及大量的气体和水汽，气体中所占比重最大的二氧化硫与水汽结合后变成硫酸，大部分可转化成为硫酸盐气溶胶漂浮在平流层，并随着平流层内的空气水平移动。由于其颗粒极为细小，因此，漂浮时间可以很长，几个月、一年、甚至两年，使其能比较均匀地遍布全球。如果火山位于赤道附近，那么它对气候的影响是最大的，主要是由于它特殊的地理位置会使喷入平流层中的火山灰分别向南北方向运动，从而同时影响两个半球的气候。

火山爆发对气候的影响主要是通过增大大气反射作用来体现的。一般来讲，平流层中的空气非常稀薄，可以认为是透明的，对太阳光的反射微乎其微。然而由于火山爆发进入平流层的大量微小的颗粒能够反射太阳的光线，增加行星反射率。这就犹如形成了一层薄"雾"，虽然这层"雾"由于太高太薄，肉眼无法看到，但它却能反射阳光，有人把这层微粒形容为"阳伞"，这把阳伞能够削弱到达地面的太阳辐射，从而使地面能够接收到的太阳辐射能减小。火山爆发喷出微粒使地球温度降低的效应称为"阳伞效应"，其降温值相当于全球温室效应升温值的 20%。越是强的火山爆发，喷发出的二氧化硫量越大，对地面的降温作用也越大。

据统计，每年全球火山爆发 50～70 次，并且次数呈缓慢增加的趋势。火山喷发程度通常用喷发物总质量与喷发柱高度来衡量，称之为火山爆发指数（Volcanic Explosivity Index，VEI），它划分成 8 个强度等级，如表 2-3 所示。中低强度的爆发年年都有，而 6 级以上的强爆发要几十年才会有一次。大概 1/10 的火山喷发在一天之内完成，有的则断断续续喷发几周，个别的火山喷发甚至持续几年。总的来说，火山的平均喷发时间为一周。一次 5 级强度的火山爆发，其喷出的熔岩和火山灰的体积可达 1 千米³，并伴有大量二氧化硫等气体和水汽；喷出的高度可达 25 千米以上；熔岩的温度达 700～1 200 ℃。但也有一些火山熔岩只是从火山口流淌出来，并同时伴随一定量的气体和水汽喷出。

表 2-3　火山喷发等级划分以及释放能量

VEI	定性描述	喷发体积 V/ 千米³	喷发柱高度 H/ 千米	释放能量 / 尔格（相当于几级地震）
1	微	$10^{-5} < V \le 10^{-3}$	$10^{-1} < H \le 1$	6.3×10^{21}（6.6）
2	小	$10^{-3} < V \le 10^{-2}$	$1 < H \le 5$	3.8×10^{22}（7.2）
3	中	$10^{-2} < V \le 10^{-1}$	$3 < H \le 15$	6.3×10^{23}（7.7）
4	中大	$10^{-1} < V \le 1$	$10 < H \le 25$	1.4×10^{24}（8.2）
5	大	$1 < V \le 10$	$25 < H \le 45$	8.3×10^{24}（8.7）
6	很大	$10 < V \le 100$	$30 < H \le 50$	5.0×10^{25}（9.3）
7	巨大	$100 < V \le 1000$	$35 < H \le 55$	3.0×10^{26}（9.8）
8	特大	$V > 1000$	$45 < H \le 55$	1.8×10^{27}（10.3）

火山爆发对区域或是全球气候的影响主要体现在火山爆发的第二年，这样的例子很多。例如，1991 年 6 月，菲律宾皮纳图博火山爆发，这是一次强度达到 7～8 级的强爆发，为近几十年来罕见，爆发喷出的二氧化硫高达 2 200 万吨。火山爆发的第二年（1992 年）全球平均气温下降了 0.5 ℃。更有甚者，1815 年 4 月印度尼西亚的坦博拉火山大爆发，导致当年全球平均气温下降了 3 ℃。欧美许多国家这年夏季气温特别反常，美国纽约甚至每个月都有霜冻出现，英格兰 6

月下雪。北半球大部分国家粮食绝收或严重减产，仅法国、瑞士就有20万人死于饥荒，因此这一年被称为"没有夏天的年份"。那一年，我国也不例外，据哈尔滨县志记载："农历七月十四、十五，连降大霜，农田受灾，仅有四成之年，移垦受挫"，这也对第二年的气候产生了一定的影响，如云南昆明县志记载："嘉庆二十一年二、三、四月大旱，溪水断流，荷塘水尽涸，小熟无收，米价飞贵，民多拾海粉菜以充饥"。

火山爆发对环境、人体健康和生态也会产生重大影响。火山爆发使其邻近地区冰雪融化，甚至造成一些河流发生洪水。爆发火山的附近地区常出现强的阵性降水，这主要是由于火山爆发时伴有强的上升气流，火山灰微粒又充当了水汽的凝结核，从而使得云量、降水量显著增多。然而，值得重视的是，由于火山爆发时还常喷出大量的二氧化硫，它与空中水汽结合成为硫酸，降下来就成了酸雨。这种大面积的酸雨能腐蚀森林、树木、农作物、建筑物；酸雨降到湖泊、水库和水塘中，还能使水质酸化，损害鱼类和其他水生作物。对人体的直接影响主要是火山灰和其他气体的微粒，被人体吸入后易造成呼吸道疾病。

火山爆发和地震一样至今还无法准确预测，因而当今的气候模式对未来几年和几十年的预测都没有把火山爆发因素考虑进去。因此，可以说，火山爆发是气候变化过程中的一个重要的不确定因素。

运动的大气（大气环流）是如何改变地球气候的

在高纬度地区与低纬度地区之间、海洋与陆地之间，由于冷热不均出现气压差异，在气压梯度力和地转偏向力的作用下，形成地球上的大气运动现象，一般称之为大气环流。就水平尺度而言，有区域、半球或全球的大气环流；就垂直尺度而言，有对流层、平流层、中间层或整个大气层的大气环流；就时间尺度而言，有一至几天、月、季、半年、一年直至多年的平均大气环流。

大规模的大气环流虽然每年都有所不同，但其基本结构维持不变，如南北半球不同纬度带之间存在4个气压带和3个盛行风带。按纬度从低到高，4个气压带分别是：赤道低压带、副热带高压带、副极地低压带和极地高压带；3个盛行风带为：低纬信风带（北半球东北信风，南半球东南信风）、中纬盛行西风带、极地东风带，如图 2-5。由于这些风带的水平宽度较大，基本都为几千甚至上万千米，达到行星尺度，因此通常称为行星风带。

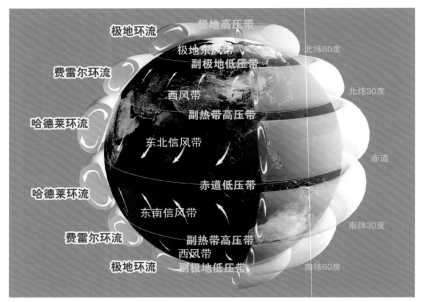

图 2-5　全球风带和环流

　　大气环流通过引导不同性质的气团活动，重新分配着热量和水汽，这对气候的形成有着重要的意义。常年受低压控制、以上升气流为主的赤道地区，降水充沛，植被茂盛，多森林；相反，常年受高压控制、以下沉气流为主的副热带地区，则降水稀少，植被稀疏，沙漠众多。一般来说，来自高纬度地区或内陆的气团寒冷干燥，来自低纬度地区或海洋的气团温暖湿润。如果一个地区在一年的不同时间段受两种不同性质气团的交替控制，那么该区域的气候便会出现明显的季节变化。如我国大部分地区冬季寒冷干燥，夏季炎热多雨，就是受极地大陆气团和热带海洋气团冬夏交替控制的结果。总之，从全球来讲，大气环流在高低纬度地区之间，海陆之间进行着大量热量和水分的输送和交换是造成全球不同区域气候存在差异的重要原因。据统计，大气环流在经向方向输送的热量约占总量的80%。另一个能够在全球尺度引起热量和水分输送和交换的因素是大洋环流（将在下一部分内容重点介绍）。

　　副热带高压作为副热带地区最重要的大型环流系统，是整个大气环流的重要组成部分，它不但对低纬度地区的天气气候变化起着重要作用，而且对中、高纬度地区环流的演变也有很大影响。其中西太平洋副高对中国天气和气候的影响最为显著，它的位置往往决定我国东部地区夏季雨带的分布，也是造成我国南方地区持续高温的"罪魁祸首"之一。每年副热带高压的活动都是不一样的，这就造成了中国的旱涝灾害发生地点和程度都是不一样的：有时偏南，有时偏北，有时偏强，有时偏弱。

运动的海水（洋流）是否也能改变地球的气候

前面已经提到过洋流是大气环流以外对气候影响的另一大因素。要想了解洋流，首先要明白洋流是如何形成的。一般来说，洋流的形成有许多原因，但最主要的原因是由于长期定向风的推动。世界各大洋的主要洋流分布与风带有着密切的关系，洋流流动的方向和风向基本一致，在北半球向右偏，南半球向左偏。在热带、副热带地区，北半球的洋流基本上是围绕副热带高压作顺时针方向流动，在南半球作逆时针方向流动。在热带，由于信风把表层海水向西吹，形成了赤道洋流。东西方向流动的洋流遇到大陆，便向南北分流，向高纬度流去的洋流为暖流，向低纬度流去的洋流为寒流。

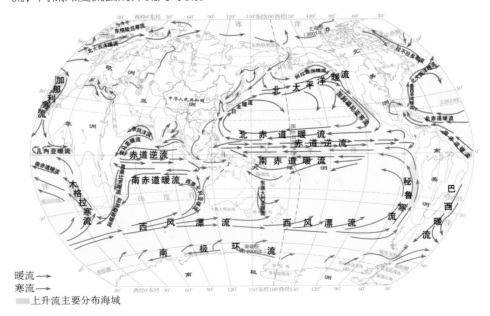

世界洋流分布图（北半球冬季）

　　洋流是地球上热量传递和运输的一个重要动力。据卫星观测，在 20 °N 区域，洋流由低纬向高纬传输的热量约占地—气系统总传输热量的 3/4，在 30 °N ～ 35 °N 间洋流传输的热量约占总传输热量的 1/2。洋流调节了南北气温差别，在沿海地带等温线往往与海岸线平行就是这个缘故。

　　暖洋流在与周围环境进行热量交换时，失热降温，使洋面和它上空的大气得热增温。以墨西哥湾暖流为例，该暖流每年供给北欧海岸的能量，大约相当于在每米长的海岸线上得到 6 万吨标准煤燃烧的能量。这就使得欧洲的西部和北部的平均温度比其他同纬度地区高出 1.6 ～ 2.0 ℃，甚至北极圈内的海港冬季也不结冰。摩尔曼斯克之所以能成为北冰洋沿岸的重要海港，主要是因为那里受墨西哥湾暖流北延北大西洋暖流的眷顾，港湾终年不结冰，成为俄罗斯北方舰队和渔业、海运的基地。对我国东部沿海地区的气候影响重大的"黑潮"，是北太平洋中的一股巨大的、较活跃的暖性洋流。它在流经东海的一段时，夏季表层水温高达 30 ℃左右，比同纬度相邻的海域高出 2 ～ 6 ℃，比我国东部同纬度的陆地亦偏高 2 ℃左右。黑潮不但给我国的沿海地区带来了温暖，还为我国的夏季风增添了大量的水汽。

　　而冷洋流在与周围环境进行热量交换时，得热增温，使洋面和它上空的大气失热减温。例如，北美洲的拉布拉多海岸，由于受拉布拉多寒流的影响，一年要封冻 9 个月之久。寒流经过的区域，大气比较稳定，降水稀少。秘鲁西海岸、澳大利亚西部和撒哈拉沙漠的西部，就是由于沿岸有寒流经过，致使那里的气候更加干燥少雨，形成沙漠。

　　一般来说，有暖洋流经过的沿岸，气候比同纬度各地温暖；有冷洋流经过的沿岸，气候比同纬度各地寒冷。

　　正因为有洋流的运动，南来北往、川流不息，对高低纬度间海洋热能的输送与交换以及全球热量平衡都具有重要的作用，从而调节了地球上的气候。

小知识

2004 年席卷全球票房的美国大片《后天》中描绘了全球变暖带来的一个可怕的场景：由于格陵兰和北极的冰山融化，大量淡水进入北大西洋，降低了其盐度，最终导致墨西哥湾暖流乃至全球海洋的温盐环流完全终止，赤道和低纬度地区因而停止向极地和高纬度地区输送热量，结果导致这些地方温度剧降，进入一个新的冰河时代。

电影中提到的以墨西哥湾暖流为代表的温盐环流，又称"深海洋流"、"输送洋流"、"深海环流"等，是一个依靠海水的温度和含盐密度驱动的全球洋流循环系统。在这个系统中，以风力驱动的海面水流，如墨西哥湾暖流等，将赤道的暖流带往北大西洋，暖流在高纬度被冷却后下沉到海底，这些高密度的海水接着南下前往其他的暖洋区加热循环。一次温盐循环耗时大约 1 600 年，在这个过程中洋流运输的不单是能量（即热能），当中还包括地球固态及气体资源等，不过温盐环流最受人类关注的是其使全球温度趋于动态平衡的功能。

深层含盐的洋流大部分源自北欧海洋和拉布拉多海。在那里，近海表层向北流动的含盐异常多海水较冷，并且由于蒸发，盐分含量更大，从而使密度增加并引起下沉。而南大洋海水向上翻，汇入暖的表面洋流。

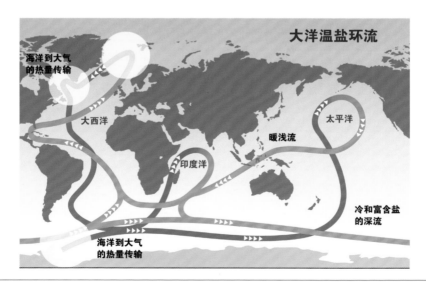

海陆分布对地球气候的影响有多大

众所周知，海洋占地球总面积的 71%，陆地仅占 29%。海洋和大陆由于物理性质的差异，在同样的太阳辐射条件之下，它们的增温和冷却效应有着很大的区别。一般来说，冬季，大陆气温低于海洋；夏季，大陆气温高于海洋。

如表 2-4 所示，在北半球，从海平面到对流层上层，1 月份大陆上气温比大洋上气温低；7 月份相反。两者的差值，7 月比 1 月大；陆地上年较差大于海洋上年较差。

表 2-4　30 °N 不同等压面高度的海陆气温差异

等压面高度	月份	气温 / ℃		海陆温差 / ℃（陆地温度 - 海洋温度）
		亚非大陆	太平洋	
海平面	1 月	9.2	12.5	−3.3
	7 月	31.0	24.7	6.3
850 百帕	1 月	5.5	6.5	−1.0
	7 月	24.0	16.4	7.6
700 百帕	1 月	−1.3	−0.3	−1.0
	7 月	13.9	8.6	5.3
500 百帕	1 月	−16.5	−14.5	−2.0
	7 月	−4.3	−6.8	2.5
300 百帕	1 月	−41.8	−38.5	−3.3
	7 月	−28.1	−33.0	4.9

海陆温度差异对气压和风也有明显的影响。因为气压分布与气温有关系，夏季，大陆是热源，海洋为冷源，因此，大陆上气压低，海洋上气压高，风从海洋吹向大陆，被称为海风；冬季，海洋是热源，大陆为冷源，海洋上气压低，大陆上气压高，风从大陆吹向海洋，被称为陆风。此外，海陆对湿度、云量、雾和降水都有很大的影响。

由于海陆分布对气候影响显著，从而在地球上形成了差别很大的大陆性气候和海洋性气候。

海洋性气候与大陆性气候的差别，在气温方面的表现最为显著。大陆性气候的特点是变化大且快，因此，大陆性气候的日较差（日最高气温和日最低气温之差）、年较差（年最高气温和年最低气温之差）数值都较大，而海洋性气候则相反。北半球大陆性气候状态下，最高气温出现在7月，最低气温出现在1月；海洋性气候状态下，一般最高气温出现在8月，最低气温出现在2月，呈现出滞后特点。在同一纬度，春夏的气温，陆上较高，海上较低；秋冬的气温，陆上较低，海上较高。从而大陆性气候具有春温高于秋温的特点，而海洋性气候则有秋温高于春温的特点。其次，在湿度和降水方面差异也很大，海洋性气候的特征是相对湿度较大，相对湿度年变化小，云量多，降水多，尤其在秋冬季节，降水量的年变化小；而大陆性气候的特点是，相对湿度较小，但相对湿度的年变化大，云量少，晴天多，年降水少，夏季降水较多，降水量的年变化大。见表2-5。

表2-5 大陆性气候与海洋性气候的区别

气候类型	气温日较差	气温年较差	最热月	最冷月	春秋气温差（4—10月）	年降水分配
大陆性	大	大	7月	1月	正值	不均匀
海洋性	小	小	8月	2月	负值	均匀

那些你不知道的影响局地小气候的因素

除了太阳辐射、地球公转和自转、火山爆发、大气环流、海陆分布、洋流等能够对大尺度天气和气候的变化起决定作用，地形、下垫面特性等局地因素，甚至目前一些大型工程的建设也会对当地的气候产生不容忽视的影响。这些局部的、中小尺度的决定天气和气候的因子与那些大尺度的决定天气和气候的因子互相影响和制约，形成了目前地球上的气候分布格局。该格局并非完全按照纬度带分布，而是在纬度地带性规律的基础上又加进了许多非地带性的影响因子，从而产生了多种气候类型。

这里我们还要说一说与人类紧密相关的局地小气候问题。局地小气候一般指近地面几米大气层内、土壤表层和植被层内的气候。泛指由于下垫面性质以及人类和生物活动而形成的较小范围内的特殊气候。在一个地区的每一块地方（如农田、温室、仓库、车间、庭院等）的气候状况在受到该地区气候条件影响的同时，因下垫面性质不同、热状况各异，又有人的活动等，就会形成小范围特有的气候状况。小气候中的温度、湿度、光照、通风等条件，直接影响作物的生长、人类的工作环境、家庭的生活环境等。甚至有人还探讨家庭、卧室、被窝里的小气候问题，可见，气候问题是无处不在的。

其实，小气候对人类和自然界的影响很大。因为人类绝大多数活动都在近地层内进行，与人类生活有密切关系的动物和植物也生长在这一层，而这里的气候又最容易受到人类活动的影响，又最容易按照人类需要的方向加以改变。例如，绿化、灌溉、改变土壤性状、改造小地形、营造防护林和设置风障等都可以改变地表附近的水热状况，从而改变当地的小气候，使其符合人类的需要。尤其在经济快速发展伴随环境问题加剧的大形势下，我们可以利用小气候知识，使城市居民住宅区或工厂区的小气候条件得到改善。例如城市中合理植树种花，绿化庭院，改善城市下垫面状况等，从而减少空气污染，为我们自己营造出健康美丽的绿色生活环境。

小知识

青藏高原对我国气候的影响

青藏高原是世界上海拔最高的高原，雄踞在亚洲的中部，总面积250万千米^2，东西最长3 000千米，南北宽1 500千米，平均海拔超过4 000米，主峰珠穆朗玛峰海拔8 844.43米（2005年，由中国国家测绘局官方公布），号称"世界第三极"。其庞大的体积几乎占冬季中纬度对流层厚度的1/3以上，成为中纬度大气环流中一个庞大的障碍物，在整个中纬度地区的大气环流中起着重要作用，其本身拥有独特的高原气候，同时还对其他地区的气候有着重要的影响。

青藏高原对我国气候的影响主要通过对气流的机械动力作用和高原本身的热力作用两个方面来体现。

1. 动力作用

动力作用可以分为对气流的分支作用和屏障作用两个方面。在冬季，西风带南移到青藏高原，青藏高原耸立在对流层的中下部，受高原阻挡，4 000 米以下的西风气流分成南北两支。在高原西北部为西南气流，绕过新疆北部转为西北气流；南支在高原西南部为西北气流，高原东南部为西南气流。在高原以东长江中下游地区汇合东流，形成西风带。分支、绕流的结果使西风带在青藏高原南北两侧形成北脊南槽的环流形势。北支西风脊，加强西北部冷空气的势力；南支西风槽，促进副热带锋区的活动。屏障作用主要体现在青藏高原对低空季风环流的阻挡作用，在冬季，它使冷空气南下的路径偏东，东部地区冬季风势力更强；在夏季，它使西南暖湿气流不能越过青藏高原影响到我国的西北地区，使新疆、甘肃一带夏季出现炎热干燥的天气。

2. 热力作用

夏季，青藏高原起热源作用，近地面形成热低压，周围同高度的自由大气层相对为高压，空气向高原中部辐合，形成由周围吹向高原的风。冬季，青藏高原起冷源作用，近地面形成冷高压，周围同高度自由大气层相对为低压，空气由高原向四周辐散，形成由高原吹向四周的风。因此，由于高原与其周围自由大气之间冬夏冷热源差异所引起的特殊气压场，导致高原季风生成。另外，夏季青藏高原热低压的存在，四周空气向高原辐合，加强了我国夏季风的势力；冬季青藏高原冷高压的出现，加强了蒙古高压，也加强了我国冬季风的势力。总之，由于青藏高原的存在，使我国的气候更加复杂，同时也加大了我国季风气候的强度及其空间范围。

三、变化的气候

气候的"历史"

那些你应该知道的气候"历史"

自地球诞生以来的 40 多亿年里，气候曾发生过多次巨大的变化。一般来说，对于过去的气候，根据研究方法和资料来源的不同，可分为地质时期气候、历史时期气候和近代气候 3 个大的阶段。

地质时期的气候变化

一般指距今 23 亿年至 1 万年的气候变化，而在这之中又可以划分为几次大

植物化石

动物化石

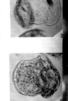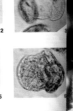
孢粉

冰芯

的冰期和间冰期，大冰期包括震旦纪大冰期（23亿年前）、寒武纪—石炭纪大冰期（约6亿年前）、石炭纪—二叠纪大冰期（约2亿~3亿年前）、三叠纪—第三纪大冰期（约200万~300万年前）以及第四纪大冰期（1万~2万年前）。通过地质沉积物和古生物化石，发现在这段时间内气候变化的幅度很大，不同时间尺度的冰期和间冰期相互交替发生，生态系统和自然环境发生巨大变迁。可以认为，这段时间的气候变化其实是整个地理环境的综合反映。地质年代层及对应的气候变化见表3-1。

表3-1 地质年代表（李克让，1992）

代（界）	纪（系）	世（统）	同位素距今年龄/百万年	主要现象
新生代	第四纪	全新世	0.01	
		更新世	2~3	冰川广布，黄土生成
	晚第三纪	上新世	10	
		中新世	25	
	早第三纪	渐新世	40	哺乳类分化
		始新世	60	蔬果繁盛，哺乳类急速发展
		古新世	70	
中生代	白垩纪		140	造山作用强烈，火成岩活动矿产生成
	侏罗纪		195	恐龙极盛，中国南山俱成，大陆煤田生成
	三叠纪		230	中国南部最后一次海侵，恐龙哺乳类发育
古生代	二叠纪		280	世界冰川广布，新南最大海侵，造山作用强烈
	石炭纪		350	气候温热，煤田生成，爬行类昆虫发生，地形低平，珊瑚礁发育
	泥盆纪		400	森林发育，腕足类鱼类极盛，两栖类发育
	志留纪		440	珊瑚礁发育，气候局部干燥，造山运动强烈
	奥陶纪		500	地势地平，海水广布，无脊椎动物极繁，末期华北升起

续表

代（界）	纪（系）	世（统）	同位素距今年龄/百万年	主要现象
古生代	寒武纪		600	浅海广布，生物开始大量发展
	震旦纪		800	地形不平，冰川分布，晚期海侵范围加大
元古代			1 000	
			2 600	
			3 800	
地球最初发展阶段			4 600	

小知识

冰期：自地球形成以来，地球上的气候经历了漫长而剧烈的变化，全球规模冰雪覆盖的扩展和退缩相互交替。将地质时期气候寒冷，冰川广泛发育的时期称为冰期（又称大冰期）。

间冰期：介于两个冰期之间的比较温暖的时期，冰川消融退缩，称为间冰期。

目前人们还无法了解地球早期的气候状况，只能通过某些间接的方法，推测约 20 亿年以来的气候变化，这些方法包括对动植物化石、冰芯、孢粉等的物理化学分析，以及古气候模式模拟等。

一般认为，对地质时期温度的估计从中生代起才比较可靠，因此，我们对地球气候历史的介绍就从这一阶段开始。

1. 中生代（距今 2.3 亿～0.67 亿年）

据估计，中生代的年平均温度在两极附近为 8～10 ℃（当代，南极地区年平均气温为 –25 ℃，北极地区为 –10 ℃），低纬度热带地区为 25～30 ℃。

2. 新生代（距今约 0.67 亿年～200 万年）

中纬度温度缓慢地下降，而热带温度却无明显变化，导致南极洲冬季降雪，山岳冰川逐渐增加，大洋底部水温降低。大约在 500 万年以前，南极地区率先出现冰盖；接着在 250 万年前，北半球冰岛等地区也开始出现山岳冰川；此后格陵兰等地的现代冰川又相继形成。自此，地球气候逐渐进入到一个新的大冰期，即第四纪大冰期。第四纪大冰期开始的时间有很大争议，目前被大多数人接受的结论是始于距今 200 万年以前。第四纪气候以大陆冰盖和中、高纬度山岳冰川为主要特征。在第四纪大冰期内，依据冰川覆盖面积的变化，可划分出几次冰期和间冰期。由于气候变化随地区的差异和研究方法的不同，各地划分的冰期有所不同。

第四纪中以里斯冰期的冰川作用最为强烈，当时地球约有 2/10 到 3/10 的大陆面积为冰川覆盖（现在约为 1/10）。在亚洲，冰盖延伸到贝加尔湖附近。与现代气温相比，冰期气温平均偏低 8～10 ℃；间冰期气温则偏高，其中北极地区气温偏高 10 ℃以上，低纬度地区偏高 5～6 ℃。这种冰期和间冰期之间气温的巨大变化导致了其他气候要素和自然环境的变化。

（1）全球雨带分布的变化。冰期时，中、低纬度地区低气压活动频繁，雨量充沛，湖水面积扩大。例如，亚洲中部、非洲北部和中部、北美洲西部等，在冰期时均为湿润地区，但在间冰期时则以干旱为主。

（2）雪线的变化。冰期时，全球山岳雪线普遍下降，大多数山岳雪线下降 1 000～1 400 米，热带地区雪线下降 700～900 米；在间冰期时，雪线普遍上升。

（3）海平面的升降。冰期时，地球表面的水有相当大一部分形成冰盖而以固态形式保存在陆地上，海平面下降。例如，玉木冰期的海平面比现代低约 100 米；而在间冰期的最暖时期，海平面平均比现代高出 15～30 米，甚至更高。

（4）生物群落的迁移。对应气候带的南北变化，生物群落也随之南北迁移。例如，克里米亚（里斯冰期）的地层里发现过北极狐、北极鹿化石；在南高加索，从冰期地层里发现过猛犸象化石，这些都属于极地动物。在间冰期，北冰洋沿岸有虎、麝香牛等喜温动物群活动。

雪线：是指常年积雪的下界，即年降雪量与年消融量相等的平衡线。雪线以上年降雪量大于年消融量，降雪逐年增加积累，形成常年积雪（或称万年积雪），进而变成粒雪和冰川冰，发育成冰川。雪线是一种气候标志线，其分布高度主要决定于气温、降水量和地形条件。雪线高度从低纬向高纬地区降低，反映了气温的影响。

冰川：地球上由降雪和其他固态降水积累、演化形成的处于流动状态的冰体。与河流不同的是，流动的是冰，而不是水。

---

3. 冰后期（距今约 1 万年）

全球气温逐渐上升，冰川覆盖面积相应减小，海平面随之上升，地球气候又进入较为温暖的时期。

历史时期的气候变化

第四纪全新世是人类历史发展的重要时期。在这个时期，气候仍然存在波动变化，气温的升降起伏相当频繁，但变化幅度较小。气候冷暖变化直接导致作物生长季长度的变化，影响作物种植制度及作物产量。在气候变化的历史时期，我国作物生长季起止时间曾经历过三次千年以上时间尺度的变化，这种波动变化对各个时期的农业生产都产生了重大影响。我国亚热带地区现在广泛种植二季和三季稻，历史上暖季气候的冷暖变化对双季稻种植的北界影响比较显著，曾有多次的摆动，这种冷暖变化可导致农作物种植北界向北或是向南移动 200～300 千米。我国著名的气象学大师竺可桢先生利用考古资料和历史文字记载研究了有着世界意义的中华文明 5 000 年的气候变化，将其分为 4 个温暖时期（间冰期）和 4 个寒冷时期（冰期）。

第一个温暖时期属于仰韶文化时代（公元前 5000 年—前 3000 年左右）和河南安阳殷墟时代（公元前 1300 年—前 1000 年左右），我国的黄河流域出现了大象。

第一个寒冷时期出现在西周初期（公元前 1000 年左右—前 850 年），汉水两次结冰，之后紧接着出现大旱。

第二个温暖时期出现在秦和西汉（约公元前 770 年—公元初年），象群的栖息地移至淮河流域及其以南地区。

第二个寒冷时期出现在东汉、三国以及六朝（三国吴、东晋、南朝的宋、齐、梁、陈），史料记载淮河在公元 225 年有封冻。

第三个温暖时期出现在隋唐时期（600—1000 年），这时候象群的栖息地又转移到了长江以南的浙江、广东和云南等地。

第三个寒冷时期出现在南宋（1000—1200 年），其中在 1111 年太湖出现了封冻的现象，在 1178 年曾出现过福州的荔枝全部冻死的情况。

第四个温暖时期出现在元代初期（1200—1300 年），史料记载因为南宋时期寒冷天气而被取消的竹监司在这个时候又重新恢复，这在很大程度上表明这段时间又进入到一个气候的相对温暖期。

第四个寒冷时期出现在明朝末年和整个清代（1400—1900 年），史料分析表明，17 世纪是我国最寒冷的时期，特别是 1650—1700 年这 50 年中，太湖、汉水和淮河分别结冰 4 次，洞庭湖也结冰 3 次。

近代气候变化

此处所说的近代气候变化主要是指近一百年的气候变化，这一时间尺度气候的变化受到了持续而且特别的关注。截至 2015 年，IPCC 已经发布了 5 次气候变化评估报告，这些报告从多个方面详细分析了全球近百年气候变化的情况，明确指出全球气候变暖是客观存在的基本事实，是气候变化最重要、最核心的内容，并且这个结论已经得到了大多数国家和科学家的普遍认可。

根据 IPCC 第五次评估报告的研究结果，20 世纪 50 年代以来，观测到的气候系统的许多变化都是过去千年以来绝无仅有的，尤其在过去 30 年，每 10 年的增温幅度都高于 1850 年以来的任何时期。在北半球，1983—2012 年可能是最近

1 400 年以来最暖的 30 年，而 21 世纪的第一个 10 年也是目前已知平均气温最高的 10 年。1880—2012 年，全球（包括陆地和海洋）平均气温升温超过 0.8 ℃。尤其近 20 ～ 30 年的升温过程是全球性的，这与中世纪暖期地球上区域性的升温有明显区别。

20 世纪 50 年代以来，全球气温的增暖导致了其他一些事情的发生，如北半球中纬度陆地的降水量增加；大部分陆地地区的冷昼和冷夜日数减少，热昼和热夜日数增加；欧洲大部、亚洲和澳大利亚地区高温热浪发生的次数增多和持续时间增加；容易导致灾害的强降水事件的发生频率和强度增加；干旱的强度增强，持续时间增加；1970 年以来的强热带气旋活动频数增加等。

中国地区的变暖趋势基本与全球一致，自 1913 年以来，我国地表平均温度上升超过 0.9 ℃，最近 60 年气温上升尤其明显，平均每 10 年可上升 0.23 ℃，几乎是全球升温幅度的 2 倍。

近百年以来，我国年降水量的变化并不明显，但年代与年代之间的变化较大，差异也较明显。在空间上，我国的主要降雨带从 20 世纪 50—70 年代的华北地区，逐渐向长江流域和华南地区移动，而 21 世纪之后我国的主要降雨带有北移的迹象。

20 世纪 60 年代以来，气温变暖对我国的极端天气气候事件也有很大的影响。区域性的高温事件、气象干旱事件、强降水事件都有所增多，但低温事件明显减少；21 世纪以来，平均每年登陆我国的热带气旋有 8 个，并且强度在增加，12 级以上台风的数量比 20 世纪 90 年代增加了近一倍；由于天气气候条件不利于污染物的扩散，我国中东部霾的日数在明显增加。

近 20 年来，南极和格陵兰冰盖的冰储量一直在减少；全球山地冰川的退缩速度也很快。如果从 20 世纪 60 年代算起，我国的山地冰川面积至少减少了 10% 以上。20 世纪 50 年代以来，北半球春季积雪范围减小明显（每 10 年缩小 1.6%）。

全球和我国的海平面都表现出明显升高的趋势。1993—2010 年全球海平面每年升高 3.2 毫米，导致这些海平面上升的最重要原因就是冰川融化和海水受热后体积膨胀；20 世纪 80 年代以来，我国沿海海平面上升的速度是 2.7 毫米 / 年。

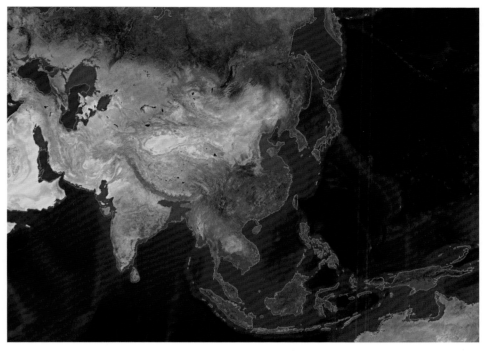

海平面上涨之后的亚洲（美国国家地理杂志）

小知识

竺可桢和他的近五千年温度距平曲线

竺可桢先生在 1972 年考古学报中一篇题为《中国近五千年来气候变迁的初步研究》的文章中给出了我国近五千年来温度距平的变化，并与挪威冰川学家制作的近一万年来挪威雪线升降图进行了对比研究，见图 3-1。从图中可看出两者的高低变化大体一致，但有先后之别，图中的温度 0 ℃线代表 20 世纪 60—70 年代的温度水平，那个时候的温度比殷、周、汉、唐要低，但要高于唐以后的温度。这一点从挪威雪线上也能看出，但在战国时期（公元前 400 年），出现一个寒期，而中国温度仅有微小变化。这里有一点要特别说明，虽然雪线的高低与温度有密切关系，但雨量的多少及其季节分配也会对温度产生很大的影响，所以也不能完全用雪线的升降来代表温度的变化。

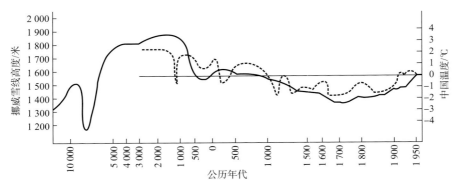

图 3-1　一万年来挪威雪线高度（实线）与五千年来中国温度（虚线）变迁图
　　　　（横线时间的缩尺为虚数，越至左边缩尺越小）

科学家怎样了解历史上的气候变化

　　地球的历史超过 40 亿年，在这个漫长的过程中，地质历史时期的气候和自然环境在不断发生变化，但由于时间太过久远，如何获取那时候的气候信息，了解当时的气候变化特征，对于大多数人来讲都是件比较神秘的事情。但只要发生过就一定会留下痕迹，不同的地质历史年代的沉积物和生物忠实地记录了这些信息，但要想获取这些信息却并不是一件容易的事情。

　　科学家们运用各种不同的技术方法及手段，最大可能地从地球上保存的这些气候信息库中发掘出有价值的气候信息，恢复气候变迁史，分析气候变化规律，为预测未来气候变化的趋势提供参考。

　　目前古气候的研究方法主要包括黄土古气候研究方法、冰岩芯古气候研究方法、古海洋沉积古气候研究方法等；历史气候的研究方法包括树木年轮历史气候研究和历史文献资料研究；近代气候研究主要依据气象仪器的直接观测数据。

黄土古气候研究方法

　　黄土高原，中华民族繁衍生存的摇篮，五千年华夏文明的发源地。要知道，黄土高原不是先天就有的，而是一层一层累积起来的，在至少 240 万年的历史中，黄土高原经历了多次"变脸"，即经过草原、森林草原、针叶林以及荒漠化草原和荒漠等多次转换。可见，这里不同颜色不同成分的层层黄土，蕴含着丰富的不同时期的生态和气候信息，是有重大的历史决定价值的。但是由于区域上和时间上的不连续，黄土中可见的信息仅能反映古气候环境的相对变化，科学家们通过寻找沉积地层中那些可直接测量的地层特征指标作为古气候环境的代用指标，并通过它们与气候状况之间的转换研究来进一步了解精细的古气候环境变化规律。

中国黄土研究界的泰斗级人物中国科学院刘东生院士在 20 世纪 80 年代，基于中国黄土重建了 250 万年以来的气候变化历史，使黄土与深海沉积、极地冰芯并列成为全球环境变化研究的三大支柱，为全球气候变化研究做出了重要贡献，为国际科学界所信服。在 2003 年刘东生院士获得中国科技界最高奖项——国家最高科学技术奖。

冰岩芯古气候研究方法

地球上广布着冰川和岩石，它们同样经受过并继续经受着时间的考验，其中必然也蕴含着不同时期的环境、气候信息。因此，取冰芯或岩芯，同样是古气候、古环境研究的重要手段。而且冰岩芯记录气候、环境具有时间尺度长、可提

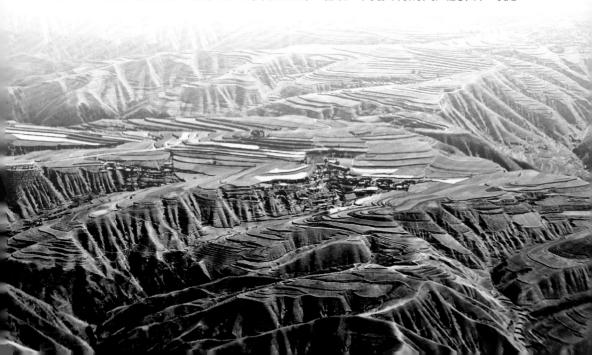

冰芯

岩芯

取信息的参数多、分辨率高等特点，通过对冰岩芯中气候与环境信息的研究，可揭示从几十万年前到近现代的气候、环境的变化特征和演变规律。通常，是对冰岩芯中所含的微粒、元素（或同位素）、气泡等的数量或形态进行分析研究，从而揭示出相对应的环境信息。例如，建立某一地区冰岩芯中氢、氧同位素与气温的关系，从而了解长时间尺度气候随时间的变化；通过冰晶形态随冰岩芯不同深度的变化了解古气候变化信息。气候变冷时，冰晶较小，反之，较大；冰薄片内部直径大于 1 毫米的气泡含量低表明当时气候温暖，随着气候变冷，气泡的含量也随着增加；仪器测得的冰岩芯中微粒含量和体积的变化也能很好地反映气候变化的状况，气候变暖对应着微粒含量的减少，气候变冷对应着微粒含量的增加。另外一些微量气体如二氧化碳（CO_2），甲烷（CH_4）和微量元素如钙（Ca），钾（K），硅（Si），铍（Be）等的变化也能间接地反映古代气候变化的信息。

古海洋沉积古气候研究方法

海洋沉积物，特别是古海洋的沉积物中记录了大量的第四纪气候与环境变化的信息，这些沉积具有过程平稳、连续、分辨率高等特点。例如，利用海洋中二氧化碳—水—碳酸盐系统中氧同位素与海水温度之间的相关关系，可以了解晚第四纪冰期、间冰期气候变化及其中的短期气候波动事件；利用深海碳酸盐的"记忆效应"了解古气候的变化，在太平洋和印度洋，冰期时碳酸盐含量增大，间冰期减小；在大西洋则正相反。海底沉积物中氧同位素的比值较高，指示出寒冷的气候；相反，氧同位素比值较低与温度升高紧密关联。

需要指出的是，上面提到了多种古气候的研究方法仅仅是在无法获得直接观测资料的情况下，作为真实观测资料的替代品而使用的，而且单一的代用资料往往不够全面充分，代表性不足，容易产生片面甚至错误的结论。因此，在古气候研究中，使用多种代用资料，必须进行交叉检验和对比分析，从而尽可能保证研究结果的准确性和可信性。更要注意的是，古气候研究所使用的代用资料由于受到空间和时间上的双重限制，要使用这些代用资料的结果进行局部的或者全球的气候分析时，要非常谨慎小心。

古海洋沉积物

树木年轮历史气候研究方法

俗话说，人增一岁，树增一圈。随着时间一年一年过去，树木也一圈一圈地增加，经历并记录下大自然历史的沧桑。

横向切开树木主干，可以发现横断面呈现为宽窄不一、颜色线有别、一圈一圈的纹理，被称为年轮，其形成与当地当时的自然条件特别是气候条件密切相关，它如实地记录了在树木生活的年代中每一年的环境条件。利用古树木的年轮，破解其内隐藏的密码，就可以获得气候变化的信息。现在树木年轮被认为是干旱和半干旱地区记录历史气候的天然仪器，树木年轮中的碳、氢和氧同位素是大气中二氧化碳（CO_2）浓度及其他气候因子变化信息的间接指示器。

历史文献资料研究方法

丰富的历史典籍和文献是我们了解和研究历史气候的宝贵资料来源，但由于定量科学是近几百年的事情，在此之前的文献主要以定性的描述为主，而且大多数的文字记载是关于极端天气气候事件和气象灾害的，比如我国的许多古文献中不仅有着大量关于台风、洪水、干旱和冰冻等自然灾害的记录，也有着关于太阳黑子、极光和彗星等不平常和奇异天象的记载，如果再考虑到不同年代的作者使用文字、语言以及表述方式的不同，这些都会给后来的研究者带来很多的困难，需要采用多种方法进行订正、校准和检验。欧洲已经利用历史文献记载和某些仪器记录结合的方式来获得更长期的气候记录。在中国，由于具有十分丰富的历史典籍和文献记录，我们不仅通过把冰芯、树木年轮资料与仪器观测的数据有机融合在一起得到了千年以上的温度序列曲线，而且还充分利用了官方史书、地方志、个人旅行日记等编制了中国近 500 年的旱涝等级图以及中国极端气候事件的分布图等。

观测数据研究气候变化

从 16 世纪末开始，随着温度计、气压表、雨量计、风速器和湿度计等的发明（见表 3-2）、不断改进和完善，气温、气压、降水、风速和湿度等都实现了定量观测。这为气象真正成为一门科学奠定了非常重要的物质基础。气象要素的定量测量，也直接导致了研究作为大气科学理论基础的气体状态方程、流体静力学方程和一切大气运动方程成为可能。1653 年在意大利佛罗伦萨建立了世界上第一个气象观测站（我国目前已知的最早使用具有现代意义的气象观测工具的气象站是 1743 年法国传教士在北京建立的测候所），在随后的 300 多年，观测站点逐步增加，观测网络更加精细，同时气象学家们又针对观测仪器、观测规范、观测时次和记录方式制定了标准，从而使全球的气象观测资料都可以进行比较分析，对于推动大气科学研究具有非常重要的意义。从 18 世纪中期开始，科学家们开始尝试高空探测，最开始的时候是使用风筝携带温度表进行低空测温；直到 19 世纪 80 年代才开始使用氢气球携带温度计、气压表来测量不同高度大气的温度和气压；到了 20 世纪 20 年代，无线电探空仪的出现将大气探测扩展到了更广阔的三维空间，高度也可以达到 30 千米，后来火箭探测的应用，又将这一高度提升到 100 千米。20 世纪中期开始，大气遥感技术的蓬勃发展极大推动了大气探测的发展，尤其是气象雷达和气象卫星的出现，为地球系统（包括大气、海洋和陆地）科学研究和全球的天气气候研究和业务提供了实时覆盖全球的观测数据，这对于气象事业的发展又是一个重要的里程碑。

表 3-2　几款基础气象仪器的发明时间及发明人

仪器名	发明时间	发明人	国籍
温度计	1597 年	伽利略	意大利
气压表	1643 年	托里拆利	意大利
雨量计	1662 年	雷恩	英国
风速器	1667 年	胡克	英国
湿度计	1783 年	索绪尔	瑞士

从 1900 年开始，我国的东南沿海已经开始使用仪器进行气象观测，如成立于 1872 年的上海徐家汇观象台，是一座集气象、天文、地磁等于一体的观象台，曾被誉为远东气象第一台，是中国唯一的百年气候站，是中国近代气象发展历史的见证。

气候"历史"帮助我们了解气候"未来"

其实，研究气候历史和研究人类历史的意义是一样的。研究历史，是为了了解过去，指导现在，进而预估和规划未来。

具体说来，主要包括以下两个原因：

第一，我们可以在更大范围内评估最近由人类活动或是可能由人类活动所造成的气候变化。我们越是确信我们所看到的变化不能用自然的波动来解释，就越容易说服政府和民众，为了子孙后代的利益，应该支持那些可能不大受欢迎的或是在短期内可能会给你的生活带来不便的生活方式的改变，因为只有这样，才能减少人类活动对气候的影响。这需要我们大家从所有可获得的过去的气候资料中提取大量的信息，以便增加有关自然变率的尽可能详细的信息，更好地评估最近人类活动的影响，预估未来气候的变化。

第二，气候学家们希望通过对古代气候、近代气候的研究来理解现代气候的变化规律，并对未来的气候变化进行预测和预估。这样做的主要依据是某些地区的气候存在周期性的变化特点，比如存在 5 年、10 年或 20 年的周期，就好像某些衣服的款式隔几年就会重新流行，气候也是一样，升温与降温，干旱与洪涝等，这些气候事件也会存在一个重复出现的过程。如果能够捕捉到这些气候的变化规律，对即将发生或是未来可能发生的气候就能够做出合理而且准确性较高的预测和预估，对指导我们防灾减灾，更好地组织生产生活，为社会主义经济服务具有重大意义。当然这只是一种比较简单的情况，更多地区的气候并不存在明显的周期性变化，我们必须对过去的气候了解得更多、掌握得更细致，才有可能更清楚地了解气候是否会经历突然的显著的转折变化，知道当前环境下这些变化是否可能再次发生，或是在未来发生。

总之，更多地了解那些已经出现过的气候变化对我们更好地预估出未来的气候具有非常重要的意义。

人类干扰着气候

人类活动对气候的影响

在进入 21 世纪的今天，气候变化尤其是气候变暖已成为全人类所关注的焦点。IPCC 第五次评估报告指出，人类活动与近 50 年气候变化的关联性达到 95%。不难看出全球气候变化除了自然原因，不容忽视的还有人类的活动，如温室气体的排放，土地利用的变化以及城市化进程的加快等。大多数科学家认为，

造成全球气候变暖的主要原因是"温室效应"不断增强。下面列举了一些人类常见的对气候可能产生深远影响的活动。

1. 化石燃料的燃烧

汽油、煤、天然气等燃烧时，会排放二氧化碳（CO_2）、甲烷（CH_4）、二氧化硫（SO_2）等气体，其中二氧化硫（SO_2）还是形成酸雨的元凶。越来越多的证据表明，近些年来，我国南方的酸雨呈上升的趋势。

2. 土地利用的加剧

随着人口的不断增加，人类为了生存，不断砍伐森林，开垦荒地，甚至围湖（海）造田、填平沼泽建造房屋。比如 20 世纪 50 年代后期，中国掀起了大炼钢铁的热潮，大量砍伐树木炼铁炼钢，这样做不仅导致了严重的水土流失以及土地荒漠化，更引起了气象灾害的频发多发。1998 年长江流域的洪水再次敲响了警钟，生态环境的恶化直接导致的就是气象灾害的进一步增多增强。另外，城市化进程的加快，也明显地改变了下垫面状况，带来了城市热岛效应，同样干扰着自然气候的正常变化。

3. 尾气的排放

从 20 世纪 90 年代起，亚洲尤其是东南亚地区，民用航空蓬勃发展，仅仅在中国，90 年代以后改建扩建的民用机场就达几十个，目前东亚、东南亚是继北美、欧洲之后第三大民用航空的密集区。飞机尾气中含有二氧化碳、水蒸气、碳化物等气体，在晴天，我们通常可以看到飞机尾后拖着一条"白烟"，这就是飞机尾气形成的凝结物。近十几年来，飞机尾气对气候环境的影响已经得到了广泛的重视。此外，地面上汽车的数量更是迅猛增加，汽车尾气的大量排放带来的环

境效应，自工业革命以来越来越显见了，1943年美国洛杉矶光化学烟雾事件的罪魁祸首就是汽车尾气。中国近几年来雾—霾事件的频繁发生，部分研究成果表明，很大一部分原因是汽车尾气的过量排放。北京、上海等大城市在雾—霾严重时，会采取限号措施来控制汽车上路的数量。

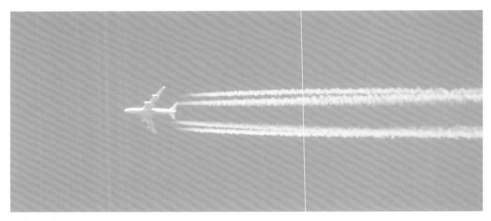

飞机尾迹

4. 氟利昂的使用

冰箱，如今已成为每家每户必备的家用电器之一，它的出现给人们的生活带来了极大的便利。新式冰箱已被要求采用环保型制冷剂，而部分老式冰箱仍然采用氟利昂（CFC）为制冷剂。氟利昂对大气臭氧层有很强的破坏作用，进入大气中的氟利昂等化学物质，能与臭氧发生化学反应从而使臭氧含量减少。科学家们首先在南极上空发现了巨大的臭氧空洞，随后我国科学家在青藏高原上空也发现了臭氧空洞。臭氧层被大量损耗后，吸收紫外线辐射的能力大大减弱，导致到达地球表面的紫外线明显增加，给人类健康和生态环境带来多方面的危害，比如皮肤癌和白内障的发病率大幅增加。研究表明，平流层臭氧减少万分之一，全球白内障的发病率将增加 0.6% ～ 0.8%，即意味着因此引起失明的人数将增加 1 ～ 1.5 万人。同时由于紫外线会引起农作物减产，导致食品短缺，会进一步加重社会动荡引发一系列政治经济问题，甚至引发战争。

科学界认为北半球的臭氧浓度降低存在三种可能：一是自然原因，从 2010 年到 2011 年初，由于近几年地壳板块活动的加剧，在冰岛、俄罗斯、日本等高纬度地区发生数次大规模的火山喷发，把大量的二氧化硫释放到高空引发臭氧的减少。二是人为原因，人类工业活动的加剧，排放出大量消耗臭氧的有害污染物。三是未知原因，有科学家认为，人类对臭氧层的了解还远远不足，仍可能存在未知因素影响臭氧洞的形成。人类活动对臭氧层的影响见图 3-2。

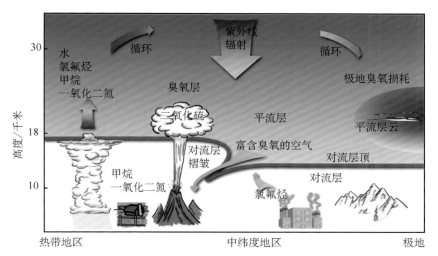

图 3-2　人类活动对臭氧层的影响

小知识

紫外线主要分为三种：长波紫外线、中波紫外线和短波紫外线。

1. 长波紫外线（简称 UVA，波长 320 ～ 400 纳米的紫外线）

长波紫外线对衣物和人体皮肤的穿透性远比中波紫外线要强，可达到真皮深处，并可对表皮部位的黑色素起作用，从而引起皮肤黑色素沉着，使皮肤变黑。因而长波紫外线也被称作"晒黑段"。长波紫外线虽不会引起皮肤急性炎症，但对皮肤的作用缓慢，可长期积累，是导致皮肤老化和严重损害的原因之一。

2. 中波紫外线（简称 UVB，波长 280 ～ 320 纳米的紫外线）

中波紫外线对人体皮肤有一定的生理作用。此类紫外线的极大部分被皮肤表皮所吸收，不能再渗入皮肤内部。但由于其阶能较高，对皮肤可产生强烈的光损伤，被照射部位真皮血管扩张，皮肤可出现红肿、水泡等症状。长久照射皮肤会出现红斑、炎症、皮肤老化，严重者可引起皮肤癌。中波紫外线又被称作紫外线的"晒伤（红）段"，是应重点预防的紫外线波段。

3. 短波紫外线（简称 UVC，波长 200 ～ 280 纳米的紫外线）

短波紫外线在经过地球表面平流层时被臭氧层吸收，不能到达地球表面。短波紫外线具有较强的能量可以打断 DNA 链中的碱基配对，如果生物体没能及时修复就会发生遗传信息的改变，引发 DNA 损伤导致癌变。因此，对短波紫外线应引起足够的重视。

温室效应带来的影响

温室效应使得地球气温上升，气候变暖，导致海水热膨胀和极地冰川融化，从而使海平面上升。图 3-3 为美国国家海洋和大气管理局（National Oceanic and Atmospheric Administration，NOAA）给出的北极冰盖变化情况卫星拼图，可见 30 年来北极冰盖面积减小明显。海水的上涨可能会带来灾难性的后果：一些经济发达、人口稠密的沿海城乡将会被海水吞没，如上海、威尼斯、曼谷、纽约等海滨城市以及地势低洼的孟加拉国、荷兰等国。除亚洲人口密集的沿海地区，包括恒河，湄公河，长江、珠江入口处以及印度人口密集的岛屿将淹没外，欧洲及北美沿海城市也将有部分地区遭到海水侵袭。气温上升，大气中包含的能量增加，会使气流更加活跃，蒸发更加旺盛，降雨也相应增加。但观测和模式的计算结果表明，温室效应并不是使全球气温均匀地上升，而是赤道附近上升得少，高纬地带上升得多，降雨也不是均匀增加的，也是高纬地带增加得多，低纬地区甚至会变得更干旱。此种变化还会使台风频发区北移，冬季海水结冰线朝两极移动，这可能会改变世界航运通道，从而影响地区的经济布局。北部地区植物生长期延长，动植物的分布将有很大的调整和变化。此外，气候变暖还会加剧干旱、热浪、洪涝等自然灾害，对农业生产也会带来不利影响。影响最大而且不可逆转的是一些生物种群将会灭绝。此外，一些传播疾病的昆虫如蚊、蝇和水生物，它们的分布规律也会发生改变，而且病菌本身的繁殖也变得更容易，因此会给食物保鲜以及流行病防治带来新的难题。

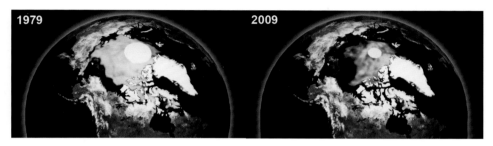

图 3-3　北极冰盖 1979 年和 2009 年的卫星拼图（NOAA）

然而，温室气体的存在恰恰是地球适合人类生存的重要原因之一，温室效应也是地球气候形成的重要机制。

温室气体

要想了解温室效应首先要知道什么是温室气体，大气中并不是每种气体都能强烈吸收地面长波辐射。地球大气中起温室作用的气体称为温室气体，主要有二氧化碳（CO_2）、甲烷（CH_4）、臭氧（O_3）、一氧化二氮（N_2O）、氟利昂（CFC）以及水汽（H_2O）等，它们几乎能吸收地面发出的所有长波辐射，只有一个很窄的区段吸收较少，地球正是通过这个"通道"（被称为"窗区"）把从太阳处获得热量的 2/3 又以长波辐射形式返回到宇宙空间，从而维持地面温度不变。这些气体们能够形成一个类似于玻璃花房和蔬菜大棚的屏障，即类似于栽培蔬菜作物、花草的温室，故取名为温室气体，对地球大气的保温效应就称为温室效应。

水蒸气是对气候影响最为明显的一种温室气体，但是长久以来人们并未认识其对于增暖的重要贡献。除了水蒸气以外，其他的温室气体对热量的吸收能力也不容忽视。

自从欧洲工业革命以来，人类的工业活动大量使用化石燃料（如煤、石油），制造了大量的二氧化碳，并将之排放至大气之中。在工业革命之前的 1 000 年，大气中二氧化碳含量一直维持在约 280 ppm[①]。

大气中的甲烷主要来自于牛、羊等反刍动物和白蚁。反刍类动物消化系统中的纤维素被细菌分解后会释放出甲烷；白蚁则是在消化木材时释放出甲烷；有些土壤和稻田中也能释放出甲烷。甲烷还是天然气的主要成分，煤气管道泄漏时也会有甲烷气体被排放到大气中。

一氧化二氮主要来自于热带雨林的土壤、热带草原的干土和海洋。另外，化肥、硝酸以及尼龙制品的生产过程中也会释放出一氧化二氮。

一氟三氯甲烷（CFC-11）和二氟二氯甲烷（CFC-12）是氟利昂的主要化合物，它们最初是作为气溶胶喷射剂被广泛应用于冰箱、制冷机、空调以及灭火器和塑料泡沫的生产中。由于氟利昂能够破坏臭氧层，目前许多国家已经禁止其生产和使用。

IPCC 第五次评估报告（AR5）的最新结果表明：过去 40 年（1971—2010年），人为温室气体排放持续增加，期间所排放的温室气体占 1750 年以来总人为排放量的一半左右，且 78% 的排放增加来自化石燃料燃烧和工业过程所排放的二氧化碳。在 2000—2010 年，新增加的温室气体有 47% 来自于能源供应部门，30% 来自工业，11% 来自交通业，3% 来自建筑业。

不过，二氧化碳等温室气体虽然吸收地面长波辐射的能力非常强，但它们在大气中的数量却很少。如果把气压为一个标准大气压、温度为 0 ℃的大气状态称为标准状态，那么把地球整个大气层压缩到这个标准状态，它的厚度是 8 000 米。目前大气中二氧化碳的含量是 390.2 ～ 390.8 ppm，把它换算成标准状态，厚约 3.1 米，约占大气厚度的万分之四。甲烷含量是 1.8 ppm，厚约1.4 厘米。一氧化二氮含量为 323 ～ 325 ppb[②]，厚约 2.6 毫米。氟利昂有许多种，但大气中含量最多的二氟二氯甲烷也只有 530 ppt[③]，换算到标准状态只有 4微米。显然，大气中温室气体很少，但这么少的温室气体造成的影响却是相当大的。因此，如果不对人为排放加以控制，很容易引起全球气温的迅速变暖。

---

① ppm：体积分数，表示百万分之一，1 ppm=10^{-6}。

② ppb：体积分数，表示十亿分之一，1 ppb=10^{-9}。

③ ppt：体积分数，表示万亿分之一，1 ppt=10^{-12}。

如果与同含量的二氧化碳相比，甲烷、一氧化二氮、氟利昂的温室效应更高。比如，一个甲烷分子的温室效应是一个二氧化碳分子的 21 倍，一氧化二氮为 206 倍，氟利昂则为数千倍到一万多倍。不过由于二氧化碳含量远大于其他气体含量，因此二氧化碳的温室效应仍是最大的。上述的温室气体的另一个特性是它们在大气中停留的时间（生命期）相当的长。二氧化碳的生命期为 50～200 年，甲烷为 12～17 年，一氧化二氮为 120 年，二氟二氯甲烷为 102 年。这些气体一旦进入大气，几乎无法回收，只有靠自然的过程让它们逐渐消失。由于它们在大气中的生命期长，温室气体的影响是长久的而且是全球性的。从地球任何一个角落排放至大气的二氧化碳分子，在它长达 100 年的生命期中，有机会遨游世界各地，影响各地的气候。即使人类立刻停止所有人造温室气体的排放，从工业革命之后，累积下来的温室气体仍将继续发挥它们的温室效应，影响地球的气候。

温室效应

全球变暖的基本原理可以通过考虑两种辐射能的平衡状态来理解，一种是来自太阳的加热地球表面的短波辐射，一种是地球和包裹地球的大气层射向太空的热辐射，平均来说，这两种辐射能是平衡的，即进来多少就会出去多少。

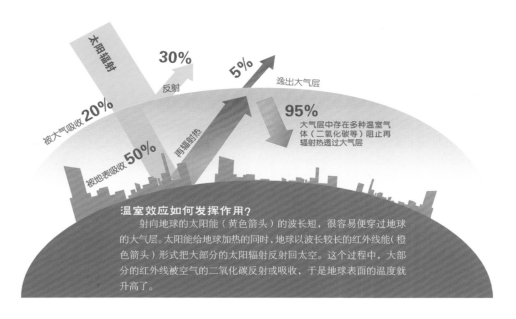

太阳辐射
30% 反射
5% 逸出大气层
被大气吸收 20%
被地表吸收 50%
再辐射热
95% 大气层中存在多种温室气体（二氧化碳等）阻止再辐射热透过大气层

温室效应如何发挥作用？
射向地球的太阳能（黄色箭头）的波长短，很容易便穿过地球的大气层。太阳能给地球加热的同时，地球以波长较长的红外线能（橙色箭头）形式把大部分的太阳辐射反射回太空。这个过程中，大部分的红外线被空气的二氧化碳反射或吸收，于是地球表面的温度就升高了。

如前所述，温室效应主要是因为人类活动增加了温室气体的数量和品种，把释放热量的"通道"变得更窄，从而吸收更多的热量，导致地球变暖。地球大气的温室效应，创造了适合生物生存的环境。但是，如果大气中的温室气体含量过高，将拦截过多的地球辐射使得地表气温逐渐上升。温室效应是一种自然现象，是地球大气的一种物理特性。自盘古开天以来，就存在于地球。如果地球不被大气层包裹，那么在两种辐射平衡后，地球表面的温度为 −19 ℃，这比实际情况要冷得多。事实上，全年所观测到的地球平均温度大约是 15 ℃，两者相差约 34 ℃，其原因显然和大气层有关系。大气层就像一条被子呵护着地球，大气中的水汽、二氧化碳和其他一些微量气体是这条被子中发挥作用的主要角色，它们吸收地表发出的辐射能后，除了向太空发射部分辐射，剩下的又都"还给了地球"，温暖了地球。地球盖着大气这条被子就不会那么冷了。这一过程和玻璃温室的辐射特性具有相似性，因而，科学家把它取名为温室效应。温室效应不只发生在地球，金星上也存在。金星大气的温室效应高达 523 ℃（表面平均温度 464 ℃），不仅是炽热到了极点，甚至可以熔化很多金属。这固然有金星距离太阳比地球近，吸收的太阳辐射比地球多的因素，但另一个重要的因素是由于金星大气的主要成分是二氧化碳，并且大气压是地球大气压的 92 倍。火星大气由于太单薄，其温室效应只有 10 ℃。

那么温室效应这个名词是由什么人在什么时候提出来的呢？这个人的名字叫傅立叶（让·巴蒂斯特·约瑟夫·傅立叶，1768—1830），他是法国数学家、物理学家。1822 年在他的代表作《热的分析理论》中解决了热在非均匀加热的固体中分布传播问题，对 19 世纪理论物理学的发展产生了深远影响。同时在这本书中第一次提到了温室效应的概念。

让·巴蒂斯特·约瑟夫·傅立叶

虽然傅里叶发现了大气的温室效应，并提出了这个概念，但是他并没有意识到这是大气中个别气体的独特性质。而另一位爱尔兰裔英国物理学家约翰·廷德尔（1820—1893）提出了如果没有水蒸气的话，地球表面将永远处于冰冻状态的假设。并且他还第一次提出了人类活动可能会对气候产生影响和改变的推测。在廷德尔之后，瑞典的物理化学家思凡特·阿列纽斯（1859—1927）提出了导致地球过去冰期发生的原因是大气中二氧化碳含量的变化。可惜，阿列纽斯错了。现在我们知道"地球轨道的变化"而非"二氧化碳含量的变化"才是冰期结束的原因。但阿列纽斯却无意中成了"地球变暖"的第一个预言者。

那究竟什么是温室效应呢？前面已经介绍过，下面我们再用电磁辐射理论说明一下。宇宙中任何物体都会辐射电磁波。物体温度越高，辐射的波长越短。太阳表面温度约 6 000 开尔文，它发射的电磁辐射波长很短，称为太阳短波辐射（其中包括从紫到红的七色可见光）。地面在接收太阳短波辐射而增温的同时，也时时刻刻向外辐射电磁波而冷却。地球发射的电磁波长因为温度较低而较长，称为地面长波辐射。短波辐射和长波辐射在通过地球大气层时受到的待遇是截然不同的：大气对太阳短波辐射几乎是透明的，却强烈吸收地面长波辐射。大气在吸收地面长波辐射的同时，它自己也向外辐射波长更长的长波辐射（因为大气的温度比地面更低）。其中向下到达地面的部分称为逆辐射。地面接收逆辐射后就会升温，或者说大气对地面起到了保温作用。这就是大气温室效应的原理。

地球大气的这种保温作用类似于种植花卉的暖房顶上的玻璃（因此温室效应也称"暖房效应"或"花房效应"）。因为玻璃也具有透过太阳短波辐射和吸收地面长波辐射的保温功能。

四、气候变化与气象灾害

气候变化与气象灾害之间的联系

目前全球正在经历的、以气候变暖为特征的气候变化带给我们的影响以负面为主，极端天气气候事件不断增多，气象灾害带来的影响越来越大。很多人都认为极端天气气候事件必然导致气象灾害，但事实却不是这样，这一点从极端天气气候事件和气象灾害的定义上有所体现。

气象灾害是指那些对人类的生命财产安全和国民经济建设及国防建设等造成直接或间接影响和危害的天气气候事件。它作为自然灾害的重要组成部分，与变化的气候之间存在着必然的联系，干旱、暴雨洪涝、高温热浪、沙尘暴、大风、雷电、暴雪等发生的频次、强度等都随着气候的变化而变化。同时气象灾害还能引发一些次生灾害，如干旱会导致土地荒漠化、农作物病虫害等环境和农业灾害，暴雨能引起山体滑坡、泥石流等地质灾害。

极端天气气候事件的定义较多，这里给出的是 IPCC 中的定义：对于某一特定时间和地点，天气（气候）的状态严重偏离其平均态，在统计意义上属于发生概率极小的事件，通常只占该类天气现象的 10% 或者更低，通俗地讲，极端天气气候事件指的是 50 年一遇或 100 年一遇的小概率事件。从两者的定义来看，极端天气气候事件强调发生的概率，而气象灾害强调造成的损失，如果极端天气气候事件发生在一个没有人类活动的区域，如人迹罕至的大沙漠、大戈壁，由于不能造成经济损失和人员伤亡，那就不能构成气象灾害。

全球气候变暖是否会导致气象灾害频率变多或强度增强呢？

全球气候变暖是极端天气气候事件频发的大背景。从气象学原理上来说，全球变暖使得地表气温升高，较高的温度引起水面蒸发加大、水循环速率加快，这将使风暴的能量更强，更多降水将在更短时间内完成，这可能增加大暴雨和极端降水事件以及局部洪涝出现的频率；个别地区龙卷风、强雷暴以及狂风和冰雹等强对流天气也会增多；另外，由于植物、土壤、湖泊和水库的蒸发加快，水分耗损增加，再加上气温升高，一些地区将遭受更频繁、更持久或更严重的干旱；大气水分的增多，也可能使一些较寒冷地区暴风雪的强度和频率增加。随着全球变暖的进一步加剧，极端天气气候事件将更多发频发，由此产生的灾害损失也必然越来越严重，对人类生命财产安全带来的风险和威胁也会越来越大。

中国位于东亚季风区，是世界上自然灾害最严重的地区之一，其中71%是气象灾害，地震灾害占8%，海洋灾害占7%，农林牧渔业灾害占6%，其他的灾害占8%。在气象灾害当中，洪涝灾害最严重（36%），干旱次之（12%），台风灾害排名第三（11%），风雹灾害（6%）和低温冷害（5%）分别排在第四、第五位，这五种以外的其他气象灾害占1%，见图4-1。虽然最近25年（1990—2014年）因气象灾害死亡人数呈逐年减少的趋势，如图4-2，但总人数仍然高达9万多人，平均每年3 812人；直接经济损失5.8万多亿元，占GDP的比重虽然在逐年减小，如图4-3，但平均每年仍达2 308亿元，相当于青海省2014年全省GDP水平（约2 301亿元）。

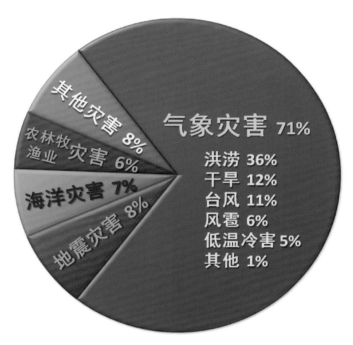

图4-1　不同种类自然灾害占比饼图

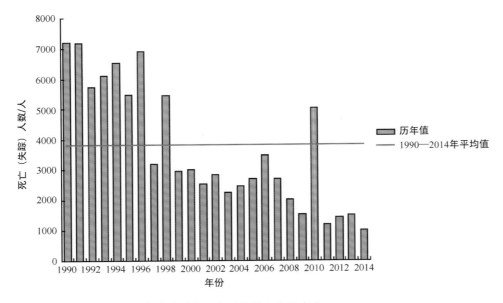

图 4-2　25 年我国气象灾害造成的死亡（失踪）人数变化

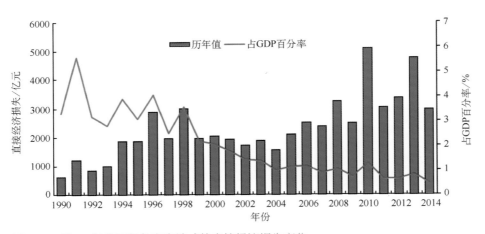

图 4-3　近 25 年我国气象灾害造成的直接经济损失变化

　　目前在我国的容易出现的并且影响较大的气象灾害主要包括暴雨洪涝、干旱、台风、高温、寒潮、雾和霾等。

暴雨洪涝

我国气象部门规定：24 小时降水量达到 50～99.9 毫米为暴雨，100～249.9 毫米为大暴雨，250 毫米以上为特大暴雨。

洪涝灾害一般分为洪灾和涝灾。洪灾一般是指河流上游的降水量或降水强度过大、急剧融化冰雪或水库垮坝等导致的河流突然水位上涨和径流量增大，超过河道正常行水能力，在短时间内排泄不畅，或暴雨引起山洪暴发、河流暴涨满溢或堤防溃决，形成洪水泛滥引发的灾害。涝灾一般是指本地降水过多，或受沥水、上游洪水的侵袭，河道排水能力降低、排水动力不足或受大江大河洪水、海潮顶托，不能及时向外排泄，造成地表积水而形成的灾害，多表现为地面受淹，农作物歉收。涝灾还有个"小弟"——渍灾，主要是指当地地表积水排出后，因地下水位过高，造成土壤含水量过多，土壤长时间缺氧造成的灾害。

洪涝灾害对农作物的影响比较大，以冲毁和淹没为主，主要对当季农作物产生影响，如果土壤自身排水条件好，基本上不会对后面的耕作产生影响。与洪涝相比，渍涝的影响更长远，不仅会导致当年的作物减产，还会对土壤造成伤害。

暴雨洪涝灾害的影响

对农业的影响：暴雨洪涝能够淹没农田，造成作物减产甚至绝收，据统计，暴雨洪涝灾害对粮棉油等种植业的影响较大，而对林业、牧业和渔业的影响相对较小。

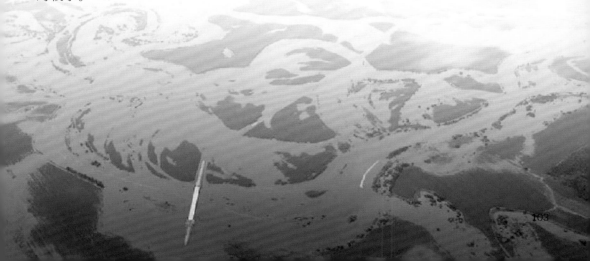

对交通的影响：主要体现在对铁路和公路的巨大破坏力上，暴雨洪涝往往导致道路被毁，运输中断，甚至还会引发交通事故，造成人员伤亡。

对水利工程的影响：水利工程作为抵抗暴雨洪涝灾害的第一道防线，同时也最容易受到暴雨洪涝灾害的破坏，造成的破坏包括破坏发电设施、垮坝、冲毁灌溉沟渠等。

对人民生活的影响：暴雨洪涝灾害造成的停电、停水、冲毁道路、淹没房屋等都会对人民群众的生活造成巨大的影响和伤害。2008—2012 年，全国有 62% 的城市发生过不同程度的洪涝，有 137 个城市洪涝灾害超过 3 次以上。逢大雨必涝，已成为我国城市的一种通病。

对生态环境的影响：暴雨洪涝会造成水土流失，导致耕地的营养物质减少进而引起土壤贫瘠，粮食减产。尤其是当堤坝决口，洪水泛滥时，会对河道周边的水环境造成破坏和污染，进而导致一些流行疫病的发生和蔓延。

但是，有时候暴雨可以带来一些正面的影响。如暴雨可以洗涤污染物，净化空气，可以补充地表水资源和地下水，尤其是持续时间较长的暴雨对于缓解干旱具有其他方式无法取代的优势和意义。

城市内涝

气候变化对暴雨洪涝的影响

在全球变暖的背景下，暴雨发生的频率和强度可能增多和增强。气候变暖使地表和大气的温度增加，饱和比湿随之增加，空气承载的最大水汽量增大，对降水增加有利，根据计算，理想状况下，温度每升高 1 开尔文，可使大气的水汽含量增加约 7%，降水也应该随之增加相应的量级。但现实却并非如此，目前全球降水量增加的程度并不如预估的那样大。还有就是全球变暖后，海洋上的蒸发量也在加大加快，从而导致整个水循环加速，这将会引发全球不同地区降水量与降水强度更快的重新分配，造成有些地区降水量减少，容易导致干旱；有些地区降水量增加，强对流和雷暴天气增多，产生更多的暴雨。有些地区虽然总的降水量没有增加，但大雨和暴雨日数却在增加，这也同样会导致严重的暴雨洪涝灾害。

近 50 年来，中国年平均雨日呈下降趋势，其中小雨日数减少 13%，但暴雨日数增加 10%，见图 4-4。

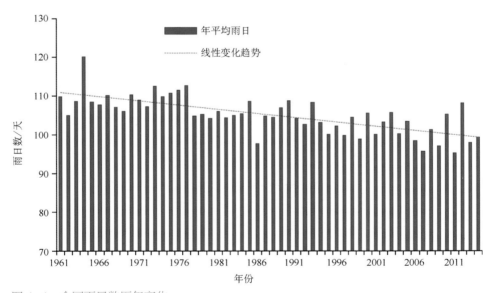

图 4-4 全国雨日数历年变化

气候越暖，暴雨洪涝会越来越多吗？

随着全球变暖，海洋、陆地和植物会蒸发更多的水汽，这些额外的水汽会增加大气中的水分含量，而由这些水分的增加所导致的降水量的增加，是引起水循环中其他分量，如蒸发、径流和土壤湿度变化的根本因素，也是触发所有天气系统，如热带风暴、雷阵雨、暴雪或锋面系统的重要原因。

据估计，在20世纪，北半球中高纬度大陆地区的降水量每10年增加1%；热带大陆地区（10°N～10°S）每10年增加0.3%，而北半球副热带大陆区域（10°N～30°N）每10年减少0.3%。在南半球没有发现这种系统性的变化，并且由于缺乏观测资料，人们也无法确定海洋上的降水趋势。在20世纪后半叶，北半球中高纬度地区的大雨频次增加了2%～4%。

未来的情况会怎么样呢？根据气候模式的预测，随着气候持续变暖，水循环将继续加速。这也意味着，一方面，中纬度大陆地区的夏季少雨和与此相关的干旱事件可能增多；另一方面，在许多地区，尤其是北半球中高纬度陆地将会出现更多的强降水事件，而这有可能造成更多的暴雨洪涝灾害。

干旱

　　干旱和暴雨洪涝一样，都是水引起的灾害，它们就像是硬币的两面，极端多水引发暴雨洪涝，极端少水引发干旱。

　　干旱是仅次于暴雨洪涝之后地球上影响最严重的气象灾害。在气候变暖加剧的背景下，其造成的影响也会更加严重。干旱是我国农业面临的最主要灾害。我国每年农业受旱面积平均为 2 445 万公顷，因旱灾损失粮食 250 ~ 300 亿千克，占自然灾害损失总量的 60%。

　　干旱用简单的词语来解释就是缺水，当一个地方长时间缺少降水，就会出现干旱。所有的生物都需要水，当干旱发生时，农作物枯萎导致歉收甚至绝收、牲

土地干裂

荒漠化

畜饮水出现困难甚至死亡，在非洲的某些地区，甚至会出现大量的人口因干旱而死去，干旱还会对土壤质量造成短时间内无法恢复的破坏，一些常年干旱的地区很容易导致土壤的荒漠化和沙漠化。对于一些植被较多的地区，干旱还会带来另外一种极度危险和破坏力强大的灾害——森林火灾。当植物（森林、灌木、草原等）由于极度干旱导致枯萎干死时，在大风干燥的天气条件下，一丁点火星就能引发一场燎原大火。

对于不同的行业来说，干旱的内涵也不尽相同。比如对于气象学家来说，干旱就是在一段时间内，降水量少于正常情况，不管这种状况是否会产生任何实际结果，只要达到了设定的标准，就认为发生了干旱，这种干旱在专业上叫作气象干旱。气象干旱最直观的表现就是降水量的减少。降水量的减少不仅是气象干旱发生的根本原因，也是引发其他类型干旱的最重要因素之一。一般来讲干旱的发生都是从气象干旱开始。对于农业学家来说，干旱就是持续了一段时间，能够造成农作物产量减少的干燥天气，专业上叫农业干旱。农业干旱在形成机理上要比气象干旱复杂得多，它不仅仅受到降水的影响，气温、地形、农作物的布局、品种以及当时的生长状况、灌溉条件都是成为农业干旱发生与否的重要原因。水文学家眼中的干旱就是在一段时间，由于降水的减少或是过度使用水资源而导致的河流水位下降的情况，专业上称为水文干旱。与气象干旱和农业干旱相比，水文干旱出现的更加缓慢，如降水的减少有可能在半年内都不会反映到径流的减少上。这种惰性也意味着水文干旱比其他形式的干旱持续时间更长。水文干旱的发生将会导致城市、农村供水紧张，人畜饮水困难，也会加重农业干旱，从而导致另一种影响更大的干旱——社会经济干旱。社会经济干旱是指由自然降水系统、地表和地下水量分配系统和人类社会需水排水系统这三大系统不平衡造成的异常水分短缺现象，它常与一些社会经济现象密切相关，如发电、航运、旅游、粮食期货等。

从时间上来说气象干旱、农业干旱、水文干旱和社会经济干旱是个循序渐进、环环相扣的过程，一般都是气象干旱发生一段时间后开始发生农业干旱，而农业干旱持续一段时间，水文干旱也会随之而来。当干旱开始影响到人们的生产生活以及社会经济活动时，社会经济干旱也就发生了。

我国干旱化趋势

干旱是我国农业面临的最主要灾害。从图 4-5 可以明显看出，我国存在一条从东北到西南方向的干旱趋势带，包括松花江流域、辽河流域、海河流域和黄河流域的南部，淮河流域的北部，通过长江流域的中部延伸至珠江流域的西部。西北诸河流域的西北部及长江流域中下游则有越来越湿润的态势。这与已故中国科学院施雅风院士关于我国西北由暖干逐渐向暖湿转变的结论一致。

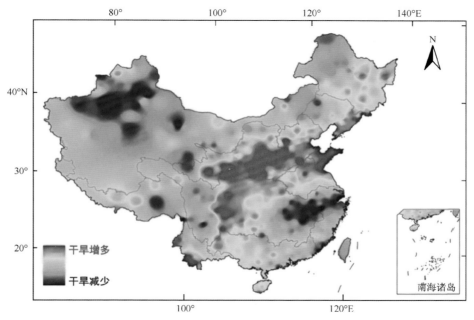

图 4-5　1961—2007 年干旱化趋势

图 4-6 表明，整体而言，近几十年来我国干旱面积具有加重的趋势，尤其是在 20 世纪 90 年代后期到 21 世纪初，我国进入到一个相对干旱期，干旱持续的时间较长、程度较重，受灾面积基本在 1 500 万公顷以上。另据统计，21 世纪以来，中等以上干旱日数东北增加 37%，华北增加 16%，西南增加 10%。

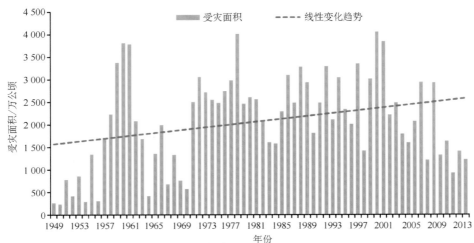

图 4-6　1949 年以来全国干旱面积历年变化

气候变化对干旱的影响

1. 全球变暖日益显著，地表蒸发导致缺水地区更易干旱

　　由于全球变暖会导致地表蒸发的速度加快，会加剧缺水地区的干旱程度。据研究，当中纬度干旱地区地表增温达到 2 ℃时，地表的辐射平衡也会加大，蒸发能力随之加强，据估计，蒸发量会增加 20% 左右，也就是 300 ～ 400 毫米，而大多数半干旱地区的年降水量也不会超过 400 毫米，这种变化已经远远超过了当地降水量的变化范围。相关研究表明，在其他气象条件不变的情况下，中纬度地

区如果地面温度平均升高 2 ℃，其实际蒸发可能会增加 25% 左右，这将会大大加速干旱气候的进程。

2. 城镇化导致二氧化碳排放增多影响成云致雨

伴随全球气温持续上升的还有我国城镇化水平的快速提高。不论是城市还是农村，随着人口增长、生活方式的改善，生产规模的扩展，一方面二氧化碳排放量显著增加，另一方面大量人造地面和建筑的出现，导致城市绿地和树木等降温的物质迅速减少，这些情况带来热岛效应的日益增强也使得城镇上空的上升气流更加旺盛，对雨云的托举能力大大增强，进一步减少了降雨的发生。

3. 现代化的农业生产造成土壤和植被涵养水源能力降低

现代农业生产中，为了追求高产，大量使用化肥和除草剂等农药，严重破坏了土壤质量，土板结、沙化等导致土壤保水能力降低。过度的森林砍伐造成植被涵养水源能力减弱，是导致干旱的重要原因之一。

4. 局地水汽蒸发减少，降水减少导致干旱

由于植被破坏，土壤板结、沙漠化，水利设施蓄水能力有限等，这些因素都会造成局地水汽蒸发量逐年减少，所带来的直接后果就是形成的降水也减少，这也是导致干旱的重要原因之一。

5. 沙漠形成效应导致过往雨云降雨困难，旱情加剧形成恶性循环

沙漠上空其实每年都有不少雨云经过，但由于沙漠上方存在旺盛的上升气流，在上升气流的托举下，雨云总是飘往他处降水，以至于有的沙漠几年，甚至几百年都难下一场雨。降水不足，导致地表水汽进一步减少；水汽不足又反过来

使蒸发量少而难以在本地形成雨云并降水。不降或少降水，使沙漠温度一年比一年高，又加剧托举雨云的效果，形成恶性循环。

对于干旱灾害，相关政府部门需要承担更多的责任并采取相应的措施：

（1）加大水利工程的建设，不仅包括大型水库，也包括中、小型水库的建设和维护。

（2）加大植树造林、绿化荒山力度，将退耕还林与防旱抗旱减灾相结合，充分发挥森林在水土保持、气候调节方面的作用，提高农田的保湿、保墒能力，逐步建立完善防旱抗旱生态工程系统。

（3）对于气象部门来讲，当干旱期出现满足增雨条件的时候，要及时开展人工增雨作业，这对于缓解干旱是大有裨益的。因此地方政府应将人工增雨作为一项防旱的常规措施来抓，发挥现有气象专业技术力量的作用，尽可能挖掘人工增雨潜力，提高防旱抗旱能力。

（4）个人在政府采取相应措施的前提下也应当做出自己的贡献，如节约用水，适当减少洗澡、洗衣服的次数。更有效用水，循环用水，如洗脸、洗菜的水可以用来冲厕所等。

台风

台风，从气象专业的角度应称为热带气旋，只有在特定条件下，它才能被称作台风，这和"白马非马"其实是一个意思。热带气旋是发生在热带或副热带洋面上的低压涡旋，中心附近最大风速达到6级（10.8米/秒）或以上，是一种强大而深厚的热带天气系统，常伴有狂风、暴雨和风暴潮，是我国沿海地区经常出现的一种气象灾害。风力达12级（32.7米/秒）或以上的热带气旋在不同的区域名称不同，在西太平洋和中国南海地区称为台风，北太平洋、大西洋和墨西哥湾地区称为飓风，北印度洋包括孟加拉湾和阿拉伯海上一般称为特强气旋性风暴，西南印度洋上称强热带气旋。热带气旋以其底层中心附近最大平均风速（或风力）为标准分为6个等级，见表4-1。

表 4-1　中国热带气旋分级

热带气旋等级	底层中心附近最大平均风速 /（米 / 秒）	底层中心附近最大风力 / 级
热带低压（TD）	10.8 ~ 17.1	6 ~ 7
热带风暴（TS）	17.2 ~ 24.4	8 ~ 9
强热带风暴（STS）	24.5 ~ 32.6	10 ~ 11
台风 (TY)	32.7 ~ 41.4	12 ~ 13
强台风 (STY)	41.5 ~ 50.9	14 ~ 15
超强台风 (SuperTY)	51.0 或以上	16 或以上

台风的破坏作用

台风具有强大的破坏力，尤其在台风登陆点和其运行路径上，它都会对当地居民的生产生活造成巨大的影响和破坏作用。它会毫不留情的摧毁工厂、商店和人们居住的房屋。会摧毁农作物，从而影响农民。进一步来说，台风主要通过强风、暴雨和风暴潮（俗称海啸）产生影响。

由于台风中心气压很低，气压梯度力非常大，因此会形成非常大的风，台风中心附近的风速通常在 40 ~ 60 米 / 秒，大的甚至接近 100 米 / 秒，如此强度的大风足以损坏和摧毁其行进路径上的一切，如陆地上的建筑、桥梁、车辆等。

　　台风还会给它经过的地方带来暴雨，这是因为台风发展和维持最重要的条件之一就是要有强对流发展释放的潜热，这就导致了在台风经过的路径上必然会产生强烈的对流性、阵性降水，这种降水大多为大暴雨（24 小时降水量在 250 毫米或以上），1975 年第 3 号台风引发了河南驻马店及其周边区域一场量值超过 1 000 毫米的特大暴雨，目前仍是我国大陆地区暴雨极值，这场暴雨引发的"75·8"大洪水所造成的灾难，至今仍然深深印在河南人民乃至中国人民心中。

台风是如何命名的

　　为了更好地监测和预测台风的发生发展，国际上在对台风进行编号的基础上还对台风采用了统一的命名方法。由台风发生和造成影响的周边国家和地区事先共同制定一个命名表，然后按顺序年复一年循环重复使用。命名表共有 140 个名字，分别由世界气象组织所属的亚太地区的柬埔寨、中国、朝鲜、中国香港地区、日本、老挝、中国澳门地区、马来西亚、密克罗尼西亚、菲律宾、韩国、泰国、美国以及越南 14 个成员国和地区提供。这套由 14 个成员提出的 140 个台风名称中，每个国家和地区提出 10 个名字。中国最初提出的 10 个是：龙王、悟空、玉兔、海燕、风神、海神、杜鹃、电母、海马和海棠。由于某些台风造成巨大损害或者命名国提起更换等原因，有一些台风名被弃用。如中国的"龙王"和"海燕"都由于造成的巨大损失而在 2005 年和 2013 年分别被"海葵"和"白鹿"取代。

台风是如何监测和预报的

20 世纪 40 年代末期，只有当热带气旋靠近海岸线时，人们才能发现热带气旋，发出热带气旋警报，这主要是由于当时的航空技术水平还比较低，飞机几乎很少在洲际航线或浩瀚的海洋上飞行。随着飞行仪器设备的不断改进和完善、飞机数量的不断增加，气象学家开始使用安全飞行的飞机来监测天气状况，特别是云底和云顶的高度。到了 1945 年，美国海军和陆军空勤人员已经开始在热带气旋行进路径上进行穿越气旋的飞行，并利用仪器记录数据来供气象学家尤其是台风专家研究其结构。即使在现在，美国国家大气与海洋局仍然定期派飞机进入台风或其他恶劣天气来做科学研究，且美国是全球唯一采用此种方式的国家。

虽然可以利用飞机携带仪器对台风内部进行观测，但毕竟这是一项相对比较危险的工作，气象卫星的发展就可避免这些危险，让我们从更高更远的地方对台风进行监测。目前轨道上运行着很多颗气象卫星，这些卫星相互交叠，所发射的信号就像一张大网一样覆盖着整个地球，对地球进行 24 小时不间断的观测。当台风接近海岸带时，岸上雷达就开始发挥作用了。目前的多普勒雷达系统可以在计算机屏幕上把雷达信号显示为不同的色块，有助于气象工作者利用雷达图像，了解云的大小、雨的种类和强度。雷达还能够探测出台风旋转的速度，根据雷达从水滴上反射的频率，把速度增加的一侧涂上蓝色，把速度减慢的一侧涂上红色，这样台风旋转就清晰可见了。另外，还可以通过所涂颜色的深浅来标注台风行进的速度，越深越快、越浅越慢。根据台风的旋转速度来计算出风速，同时在雷达上还可以显示出台风行进的方向。当然除了观测以外，台风数值预报模式在目前的台风预测中也发挥了重要的参考作用。近年来，我国台风数值预报模式的预报水平显著提高，已经达到国际先进水平。

气候变化与台风

在全球变暖的背景下，自 20 世纪 70 年代以来，全球热带气旋呈现出强度增大的趋势，这和观测到的热带海表温度升高是一致的。多个气候模式的模拟结果也表明，随着热带海表温度的进一步升高，未来热带气旋可能会变得更强，所带来的狂风和暴雨也会更加猛烈。

通过对相关资料的分析发现，近半个多世纪以来在我国登陆的热带气旋表现出一些需要引起注意的特征：

（1）登陆热带气旋数量没有明显的变化趋势。西北太平洋和南海平均每年有27个热带气旋生成，其中有7个会登陆我国。

（2）热带气旋登陆地点趋于集中。近50多年来，热带气旋的登陆地点逐渐向25 °N 附近的东南沿海地区集中，这一区域遭受热带气旋袭击的风险也明显增大。

（3）登陆热带气旋的强度逐年增强。21世纪以来，影响我国热带气旋的强度明显增加，其中有一半是最大风力超过12级的台风或强台风（14级以上）。1961年以来登陆我国台风最大风速历年变化见图4-7。近24年平均每年台风导致399人死亡，2007—2014年平均每年死亡104人。

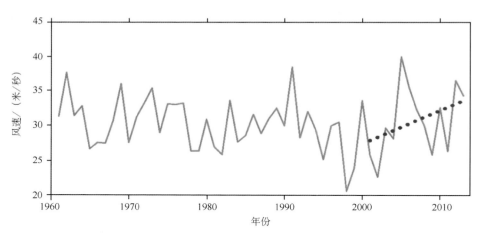

图 4-7　1961 年以来登陆我国台风最大风速历年变化

高温

在全球范围内，迄今为止，有正式气象记录的单日极端最高气温出现在非洲撒哈拉大沙漠的北部，高达 57.8 ℃。非官方记录（63 ℃）则出现在索马里。如果按某一时段的平均最高气温来计算，美国加利福尼亚州的死亡谷在 1917 年 6 月 6 日至 8 月 17 日长达 73 天的时间里平均最高气温高达 48.9 ℃，堪称世界之最。

随着社会和经济的发展，高温的影响日益突出，尤其是近些年来，对人民生活和健康造成的巨大危害，甚至危及人的生命。例如，在 2003 年夏天席卷欧洲的高温热浪中有 2.2 万人丧命。2006 年夏季在我国四川和重庆地区发生的高温，仅仅在 8 月 13—14 日两天里就有近两万人中暑。

高温热浪是什么

那么什么是高温热浪呢？从气象学的角度讲，它是指一段持续性的高温过程，并且由于高温持续时间长而引起人、动植物不能适应而产生的一种气象灾害。具体表现在人容易产生一些与热相关的疾病，甚至死亡，动物亦是如此；对于植物，会影响植物的生长发育，导致农作物减产甚至绝收。

目前的高温热浪标准主要是依据高温对人体产生影响或危害程度来制定的。由于高温热浪受到地理位置、社会经济等多重因素的影响，因此不同区域的高温热浪标准也是千差万别的。

目前我国一般把日最高气温达到或超过 35 ℃时称为高温，连续数天（3 天以上）的高温天气过程称之为高温热浪。表 4-2 给出不同气温条件下人体的感受和反应。由于人体对冷热的感觉不仅取决于气温，还与空气湿度、风速、太阳热辐射等因素密切相关，因此即使温度相同，由于其他气象条件的差异也会导致人体的感受不同。一般分为干热型和闷热型两种。干热型高温是指气温极高、太阳辐射强而且空气湿度小的高温天气，这种类型的高温热浪一般出现在北方夏季。由于夏季水汽丰富，空气湿度大，在气温不太高（相对而言）时，人们的感觉是闷热，就像在蒸笼中，此类天气被称为闷热型高温，又称为"桑拿天"，一般出现在南方地区，主要发生在我国的东南沿海、长江中下游地区以及华南等地。

表 4-2 不同气温条件下人体的感受和反应

气温 / ℃	人体感受和反应
30	人体感觉温凉适中
33	在此温度下连续工作 2～3 个小时，作为人体"空调"的汗腺开始启动，将通过微微出汗来降低体温
35	浅静脉扩张，皮肤微微出汗，心跳加快，血液循环加速。对于个别年老体弱散热不良者来说，则需配合局部降温
36	人体通过蒸发汗液来进行"自我冷却"，出现一级报警。人体需要及时补充含盐、维生素及矿物质的饮料，以防电解质出现紊乱现象
38	多脏器将参与降温，拉响二级警报。人体通过汗腺排汗已难以维持正常体温，肺部会通过急促"喘气"呼出热量，心跳速度随之加快，输出比平时多 60% 的血液至体表，参与散热，此时，各种降温措施、心脏药物保健及治疗等务必到位
39	汗腺濒临衰竭，拉响三级警报。尽管汗腺疲于奔命地工作，但可能会无能为力，很容易出现心脏病猝发的危险
40	此时大脑将顾此失彼，四级警报已经拉响，人体开始出现中暑迹象。这样的高温将直逼生命中枢，以致头昏眼花、站不稳。人必须要立即转至阴凉地方或借助降温措施进行降温
41	严重危及生命的温度。此时，排汗、呼吸、血液循环等一切能参与降温的器官，在开足马力后已经处于强弩之末的状态。特别是对于体弱多病的老年人来说，更是极度危险，应认真做好防护措施

近半个世纪以来我国高温的变化

1961 年以来，我国高温事件显著增多，35 ℃以上的高温日数平均每十年增加 0.5 天。进入 21 世纪之后，高温日数增加的迹象更加明显，达到平均每年 9.5 天，较 20 世纪 40 年代的平均值有 2.5 天的增幅，见图 4-8。特别是 2013 年夏季，我国南方遭受 1951 年以来最强高温热浪，日数分布见图 4-9，高温面积变

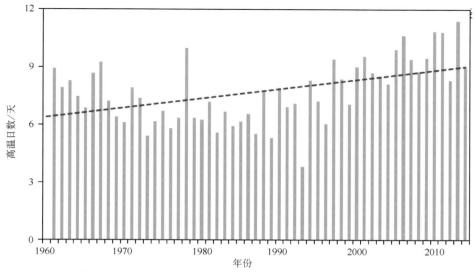

图 4-8　1961 年以来我国平均高温日数变化

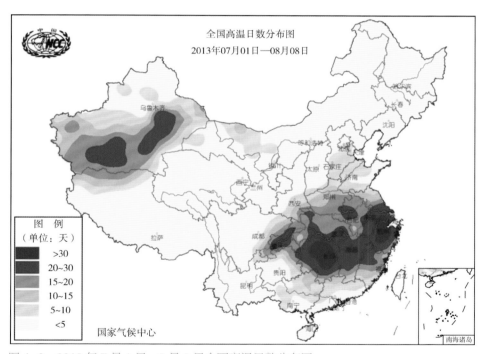

图 4-9　2013 年 7 月 1 日—8 月 8 日全国高温日数分布图

化见图 4-10，该高温事件表现出几个明显的极端性特征：

（1）高温日数多。高温日数为 1951 年以来最多。

（2）持续时间长。持续 62 天。

（3）高温范围广。覆盖了江南、江淮、江汉、重庆、新疆南部及吐鲁番地区等。

（4）高温极端性突出。132 个站日最高气温突破 40 ℃，206 县市最高气温突破历史极值。

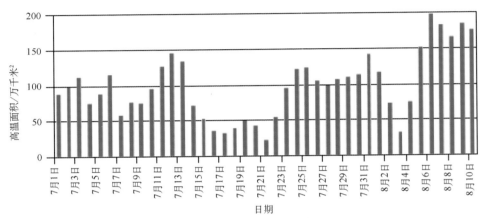

图 4-10　2013 年 7 月 1 日—8 月 10 日我国高温面积变化

雾和霾

雾和霾是两种不同的天气现象。

雾是由大量悬浮在近地面空气中的微小水滴或冰晶组成的水汽凝结物，常呈乳白色，使水平能见度小于 1 千米。

霾是指大量极细微的干尘粒均匀地浮游在空中，使水平能见度小于 10 千米的空气普遍混浊现象，这些干尘粒主要来自自然界以及人类活动排放（如工业排放、汽车尾气、建筑扬尘等）。

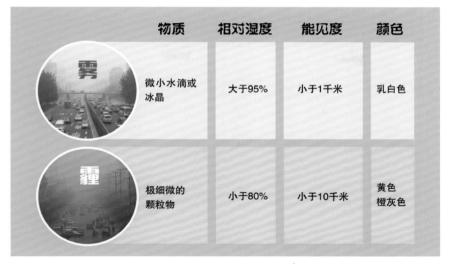

	物质	相对湿度	能见度	颜色
雾	微小水滴或冰晶	大于95%	小于1千米	乳白色
霾	极细微的颗粒物	小于80%	小于10千米	黄色橙灰色

雾和霾的部分特征

雾和霾的影响和危害

　　雾会使能见度降低，对公路、航运、海运交通影响比较大，大雾天气常常导致许多地方高速公路封闭和机场航班延误。根据公安部道路交通事故统计报告，我国每年大约有10%的交通事故直接与雾和雨雪等恶劣天气有关。雾天污染物与空气中的水汽相结合，变得不易扩散与沉降，大部分聚集在人们经常活动的高度，对人体健康造成一定的损害。大雾中的污染物质附着在输变电设备的表层，致使该设备绝缘能力迅速下降，易引发"雾闪"事故，造成电网断电。大雾还影响微波及卫星通信，使其信号锐减、杂音增大、通信质量下降。

　　霾天气能见度低，易造成航班延误、取消，高速公路关闭，海、陆、空交通受阻和事故多发。霾中含有数百种大气化学颗粒物质，会引发城市酸雨（或酸雾）、光化学烟雾等现象。霾中的微小颗粒可以引起急性上呼吸道感染、急性气管炎、支气管炎、肺炎、哮喘等多种疾病，对老人和儿童健康所构成的威胁尤其大，长期处于这种环境还可能诱发肺癌。阴沉的霾天气由于光线较弱及低气压，容易使人精神懒散，产生悲观失落情绪，长期如此，对身心健康极为不利。

气候变化对我国东部雾和霾的影响

1961 年以来，我国东部（100 °E 以东）雾日数总体表现为下降的趋势，每 10 年雾日数减少约 2 天，尤其是从 20 世纪 90 年代以后，雾日数的减少更加明显，达到了每 10 年下降 4.2 天。1991—2013 年，我国东部平均雾日数为 20.4 天，相比于 20 世纪 90 年代以前减少了近 7 天，见图 4-11。

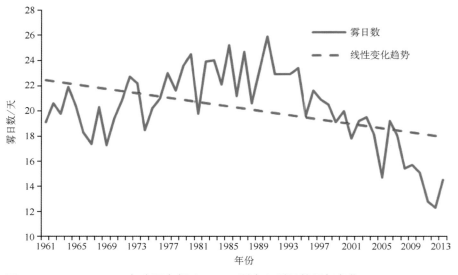

图 4-11　1961—2013 年中国东部（100° E 以东）雾日数历年变化

霾在过去几十年中的总体变化和雾截然相反，1961—2013 年，我国东部（100°E 以东）霾日数总体上以上升趋势为主，每 10 年霾日数增加了 2.7 天。1991—2014 年，我国东部平均霾日数为 11.7 天，相比于 20 世纪 90 年代以前（5.1 天）增加了近 7 天，见图 4-12。

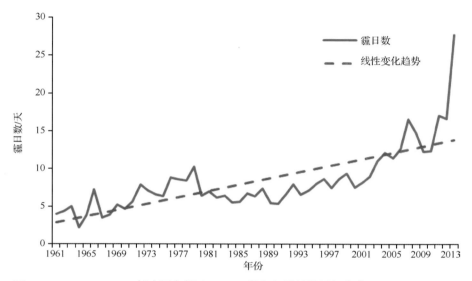

图 4-12　1961—2013 年中国东部（100°E 以东）霾日数历年变化

五、认识气候变化
应对气候变化

为科学认识和应对气候变化，1988 年联合国通过了为当代和后代人类保护气候的决议，要求世界气象组织（World Meteorological Organization, WMO）和联合国环境规划署（United Nations Environment Programme, UNEP）联合建立政府间气候变化专门委员会（IPCC）。作为国际上权威的气候变化领域学术评估组织，IPCC 的主要任务是组织学术团队评估气候变化科学认识、气候变化影响以及适应和减缓气候变化的措施选择，并于 1990 年、1995 年、2001 年、2007 年、2014 年先后完成了五次气候变化科学评估报告，所给出的全球气候变化问题的最新评估结论，已成为国际社会应对气候变化的主要依据。中国气象局是 IPCC 在中国的联络单位和国内 IPCC 活动的牵头单位，其责任是代表中国政府积极参与 IPCC 活动，本着开放、透明、广泛参与的原则，遵循科学客观的态度，多部门联合，组织政府评审，提前化解对我国不利的矛盾，最大限度地从科学上赢得国际气候与环境外交的主动权，维护我国国家利益。同时，多渠道推荐并支持中国科学家有效参与 IPCC 评估及相关活动，充分利用 IPCC 这个科学舞台，展示我国气候变化领域的研究成果。

经各国政府推荐的 802 位科学家、历时近 6 年共同完成的 IPCC 第五次气候变化科学评估报告给出了近年来气候变化最新研究进展，包括气候变化问题的科学基础、气候变化的风险、在可持续发展和公平等原则下应对气候变化的措施建议，以及国际社会减少温室气体排放的目标、路径和政策、技术选择等。本章我们将从"认识气候变化事实""了解气候变化的风险""应对气候变化的挑战与机遇""重视气候安全加强生态文明建设"等几个方面让大家了解气候变化、理解气候变化，并进一步学会如何科学应对气候变化。

认识气候变化的事实

多种观测资料表明近百年全球气候持续变暖

近 130 多年来，全球地表平均气温上升了 0.85 ℃，其中陆地增温高于海洋，高纬度地区增温高于中低纬度地区，冬半年增温高于夏半年。1951—2012 年间，全球地表平均气温平均每 10 年升高 0.12 ℃，几乎是 1880 年以来的两倍。1998 年以来，气候变暖的速率有所趋缓，但全球气候变暖的总体趋势并没有因为个别地区某个时段出现的气候变冷事件而发生改变。继 2014 年全球平均气温创有史以来最高纪录后，2015 年全球平均气温又打破 2014 年的纪录，比 2014 年高了 0.1 ℃。这是有史以来第一次全球平均气温比前工业化时期高出超过 1 ℃。

人类活动是全球气候变暖的主因

　　大量的科学研究证明，20 世纪中叶以来全球气候变暖主要是由人类活动引起的。人类活动主要通过排放温室气体影响气候。自工业化以来，全球大气二氧化碳、甲烷和氧化亚氮等主要温室气体的浓度持续增加。世界气象组织（WMO）2013 年发布的最新监测数据显示，过去 40 年人为排放的温室气体总量约占 1750 年以来总排放量的一半，最近十年是排放增长最多的十年。20 世纪 50 年代以来全球气候变暖主要是由人类活动造成的，这个结论的可信度由 2001 年的 66% 以上上升为 2013 年的 95% 以上。温室气体继续排放将会造成地球大气进一步增暖，与 1986—2005 年相比，2016—2035 年全球地表平均温度可能升高 0.3 ～ 0.7 ℃；2081—2100 年可能上升 0.3 ～ 4.8 ℃。

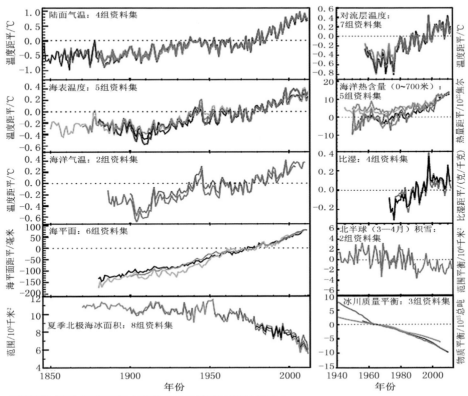

观测到的气候变暖事实（来自 IPCC 第五次评估报告）

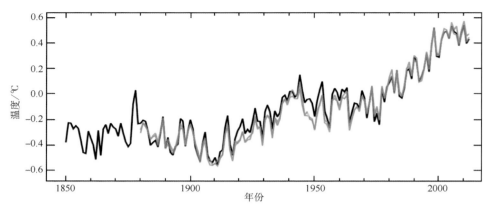

全球平均地表温度距平（相对于 1961—1990 年平均，来自 IPCC 第五次评估报告）

气候变化已经对自然生态系统和人类社会产生了广泛影响

在水资源领域，很多地区的降水变化和冰雪消融正在改变水文系统，并影响到水资源量和水质；高纬度地区和高海拔山区的多年冻土层变暖和融化；许多区域的冰川持续退缩（如天山乌鲁木齐河源 1 号冰川，其冰川物质平衡量变化见图 5-1），影响下游的径流和水资源。对全世界 200 条大河的径流量监测表明，有三

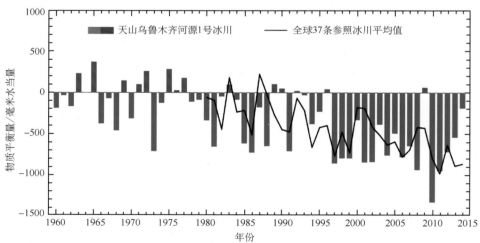

图 5-1　河源 1 号冰川物质平衡量变化①

---

① 冰川物质平衡量是指某时段冰川固、液态水的收支状况，又称冰川物质收支。冰川物质平衡量等于积累量与消融量的差值。

分之一的河流径流量发生趋势性的变化，并且以径流量减少为主。

在生态系统领域，部分生物物种的地理分布、季节性活动、迁徙模式等多个方面都发生了改变。1982—2008 年期间北半球生长季的开始日期平均提前了 5.4 天，而结束日期推迟了 6.6 天；2000—2009 年全球陆地生产力较工业化前增加了约 5%，相当于每年增加了 26±12 亿吨陆地碳汇。部分区域的陆地物种每 10 年向极地和高海拔地平均推移了 17 千米和 11 米。

在粮食生产领域，气候变化的有利影响是使我国热量资源明显改善，特别是东北地区活动积温明显增加，6 月和 8 月低温日数大幅减少。粮食主产区热量资源改善对增加农作物播种面积、提高单产非常有利。二氧化碳浓度升高有利于冬小麦单株产量增加 10% ~ 20%。但气候变化对粮食产量的不利影响比有利影响更为显著。小麦和玉米受气候变化不利影响相对水稻和大豆更大。气候变化导致的小麦和玉米平均约为每 10 年减产 1.9% 和 1.2%。

在人体健康领域，气候变化可能已经在一定程度上促成人类健康出现不良状况，与其他胁迫因子的影响相比，因气候变化引起健康不良的负担相对较小，但也不容小觑。世界卫生组织(WHO)2014 年发布的数据显示，2012 年全球因空气污染导致的各类疾病死亡约 700 万人，相当于全世界每 8 个死亡病例中，有 1 个就是因为空气污染。

在重大工程建设领域，气候变化影响重大工程的安全性和稳定性，影响重大工程的运行效率和经济效益，影响重大工程的技术标准和工程措施。如青藏铁路沿线多年冻土区活动层厚度呈增加趋势，多年冻土退化明显，见图 5-2，这些都应该引起工程建设和维护部门的高度重视。

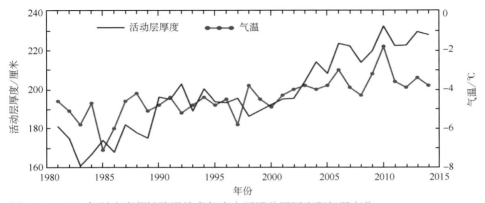

图 5-2　1981 年以来青藏铁路沿线多年冻土区活动层厚度和气温变化

21世纪以来全球气象灾害多发重发

进入 21 世纪以后，暴雨、干旱、台风、热浪等气象灾害多发重发，2003年夏季欧洲中西部发生了罕见的高温热浪，打破了 1780 年有器测记录以来的纪录；2005 年 8 月下旬在美国南部登陆的"卡特里娜"飓风造成 1 700 多人死亡，1 000 多亿美元损失；2007 年 7 月英国 200 年一遇暴雨，60 年一遇洪灾；澳大利亚近年降水持续偏少，遭遇近 100 年来最严重的干旱；2010 年巴基斯坦出现世纪大洪水，俄罗斯发生百年大旱；2011 年美国龙卷风造成 400 多人死亡；2012 年 11 月底飓风"桑迪"登陆美国，113 人死亡；2013 年 7 月英国出现高温热浪，760 人死亡；2013 年 11 月超强台风"海燕"登陆菲律宾，8 000 多人死亡；2014 年 5 月初暴雨导致阿富汗东北部山体滑坡，2 000 多人死亡；等等。这些都显示了自然生态系统和人类社会对气候变化的脆弱性。气象灾害可能加剧一些地区原有的冲突和压力，影响生计（特别是贫困人口），并使一些地区的暴力冲突加剧，从而进一步降低当地对气候变化不利影响的适应能力。除自然生态系统的被动适应外，人类社会也正在基于观测和预测到的气候变化影响，制定适应计划和政策，采取一些主动的适应措施，并在发展过程中不断积累经验，实现永续发展。

未来全球气候仍将继续变暖

预计，与 1986—2005 年相比，2016—2035 年全球地表平均温度将可能升高 0.3～0.7 ℃，到 21 世纪末将升高 0.3～4.8 ℃，人为温室气体排放越多，增温幅度就越大；热浪、强降水等极端事件的频率将进一步增加。随着全球气候变暖，全球降水将呈现"干者愈干、湿者愈湿"的趋势，与厄尔尼诺现象密切相关的区域降水变率可能增大；海平面将上升 0.26～0.82 米；每年 9 月份北极海冰面积将可能减少 43%～94%，北半球春季积雪范围将可能减少 7%～25%，全球冰川体积将可能减少 15%～85%；海洋对碳的进一步吸收将加剧海洋酸化现象。

随着温室气体浓度的增加，各类风险将显著增加

随着温室气体的增加，气温也会变得更高，各类风险也会随之显著增加。21世纪许多亚热带干旱区域的可再生地表和地下水资源将显著减少，地区间的水资源竞争恶化，温度每增加1 ℃，全球受水资源减少影响的人口将增加7%；21世纪生态系统将面临区域尺度突变和不可逆变化的高风险，如寒带北极苔原和亚马孙森林；21世纪及以后，加之其他压力作用，大部分陆地和淡水物种面临更高的灭绝风险；21世纪粮食生产与粮食安全将面临气候变化的挑战，如果没有适应，气候变化将对热带和温带地区的主要作物（小麦、水稻和玉米）的产量产生不利影响，到21世纪末粮食产量每10年最多可能减少2%，而预估的粮食需求到2050年则每10年将增加14%；21世纪海岸系统和低洼地区将更多受到海平面上升导致的淹没、海岸洪水和海岸侵蚀等不利影响；由于人口增长、经济发展和城镇化，未来几十年沿岸生态系统的压力将显著增加；到2100年，东亚、东南亚和南亚的数亿人口将受影响。气候变化将通过恶化已有的健康问题来影响人体健康，加剧很多地区尤其是低收入发展中国家的不良健康状况。

未来全球气候变暖的程度，主要取决于全球二氧化碳的累积排放量

如果将工业化以来全球温室气体的累积排放控制在1万亿吨碳，那么人类有三分之二的可能性能够把升温幅度控制在2 ℃（与1861—1880年相比）以内；如果把累积排放限额放宽到1.6万亿吨碳，那么只有三分之一的可能性实现温控目标；到2012年人类已经累积排放了0.55万亿吨碳。

在全球气候变暖的背景下，我国气候也呈现出变暖的趋势，其幅度明显高于全球。例如，近60年来，全国地表平均气温升高1.38 ℃，平均每10年升高0.23 ℃，几乎为全球的两倍。其中，北方增温高于南方，冬季高于夏季，夜间高于白天。21世纪前10年是近百年来最暖的10年。

了解气候变化的风险

　　IPCC 第五次评估报告指出，如果全球升温幅度比工业化前高出 1～2 ℃，全球面临的风险尚为可控；如果升温达到或超过 4 ℃，将对地球自然生态系统和人类社会造成更为严重的后果。如沿岸洪灾造成人员伤亡（如台风"海燕"对菲律宾的袭击，风暴潮与暴雨夹击宁波—余姚造成的重大灾害）；日益严重的城市内涝和小河流洪水；极端天气的增多，尤其对城区和农村贫困地区的影响加重；引起农业或经济损失的水资源短缺；影响渔业和相关行业的海洋生态系统恶化；陆地和内陆水生态系统的损失或破坏等。

　　在全球气候变暖的背景下，我国降水分布格局发生了明显变化。近 50 年来，西部地区降水约增加 15%～50%；东部地区频繁出现"南涝北旱"，华南地区降水约增加 5%～10%，而西北东部、华北和东北大部分地区约减少 10%～30%。我国年雨日呈下降趋势，其中小雨日数减少了 13%，但暴雨日数增加了 10%。夏季我国主雨带位置出现明显的变化，20 世纪 50 年代到 70 年代，我国主要多雨带位于华北地区，之后逐渐向南移动到长江流域和华南地区，21 世纪以来雨带又开始北移。

在全球气候变暖的背景下，我国气象灾害更加频繁。2003年，淮河发生仅次于1954年的流域性大洪水；2004年，"云娜"台风造成重大灾害；2005年，西江发生超百年一遇特大洪水；2006年，川渝遭受百年一遇干旱，南方地区遭受"碧利斯""格

暴雨造成农作物受灾

美""桑美"台风灾害；2007年，淮河再次发生流域性大洪水；2008年，南方发生历史罕见低温雨雪冰冻灾害；2009年，北方冬麦区发生大旱；2010年，西南地区发生特大干旱，舟曲发生特大山洪泥石流灾害；2011年，长江中下游地区旱涝急转；2012年，5月10日甘肃岷县遭遇特大冰雹袭击，7月21日特大暴雨袭华北，给京津冀造成重大影响；2013年，7月至8月上旬南方遭受严重高温热浪袭击；2014年，7月超强台风"威马逊"重创海南。

在全球气候变暖的背景下，各种气象灾害对我国造成的经济损失增多。20世纪90年代以来，平均每年因各种气象灾害造成的农作物受灾面积4 800多万公顷，平均每年造成3 812人死亡，最多年份1990年达7 206人；平均每年直接经济损失达2 308亿元，最多年份2010年高达5 098亿元。占自然灾害损失总量的60%。我国洪涝灾害主要集中在长江、淮河流域以及东南沿海等地区，全国40%的人口、35%的耕地和60%的工农业产值长期受洪水威胁。洪涝灾害对粮食生产的危害仅次于旱灾。1961年以来，我国区域性强降水事件频次趋多，全国因暴雨洪涝农作物受灾面积总体呈显著增多趋势，阶段性特征明显，其中20世纪90年代受灾面积最大。近年来，城市强降水造成严重内涝事件频发，给城市安全运行带来严重影响。21世纪以来，登陆我国的热带气旋的比例和强度明显增加，平均每年有8个热带气旋登陆，其中有一半最大风力达到或超过12级，比20世纪90年代增加46%。2014年7月超强台风"威马逊"导致海南经济损失近400亿元。1961年以来，我国区域性高温热浪事件频次趋多，21世纪以来更为突出，平均每年高温面积占全国27.4%，超过常年的2倍。

在全球气候变暖的背景下，农业生产风险在增加。作为对气候变化最为敏感和相对脆弱的产业，农业生产风险明显增加。例如，气候变暖使得农业生产的热量条件有所改善，使农作物春季物候期提前，生长季延长，生长期内热量充足，作物生产潜力增加，二氧化碳浓度增加促进了光合作用，在一定程度上促进了作物的稳产高产。但不同地区气候变暖的程度和趋势不同，降水的时空格局变化也不相同。气候变暖会引起一些地区温度升高、旱涝出现频次增加，降水强度变异幅度加大等，将加大农业自然灾害发生的频次和强度，影响作物生产潜力的发挥。当然，气候变化对我国农业的影响利弊共存，以弊为主。例如，东北水稻种植面积由于气候变暖扩展明显；冬小麦种植北界少量北移西扩，由于增温小麦需水量加大、冬春抗寒力下降；病虫害加重，种类增加、危害范围扩大；肥料、杀虫和除草剂增加，农业生产成本和投资将大幅增加；某些家畜发病率可能提高。

在全球气候变暖的背景下，我国水资源安全问题更加严峻。中国主要江河流域降水、水面蒸发及实测径流发生了不同程度的变化；在一定程度上加剧了北方干旱地区水资源的供需矛盾；加剧了水环境恶化，使南方也存在水质性缺水。2009—2013 年，黄河、松花江、辽河、海河、东南诸河、西北内陆河流域降水增加，长江、珠江、淮河、西南诸河流域降水减少。

在全球气候变暖的背景下，我国自然生态系统风险明显增加。冻土变化导致长江、黄河源区以及内陆河山区生态系统退化。树种分布变化、林线上升、物候期变化、生产力和碳吸收增加、林火和病虫害加剧等；草地退化加剧；内陆湿地面积萎缩，功能下降；气候变化加重荒漠生态系统的脆弱形势，影响动物、植物和微生物多样性、栖息地以及生态系统及景观多样性，某些物种的退化、灭绝也与气候变化有关。

在全球气候变暖的背景下，我国高温、洪涝和干旱风险在加剧。高风险区主要位于东部的人口密集和经济发达地区，且随着时间的推移风险将会逐渐加大。我国重大工程，如青藏铁路、电网、三峡工程、南水北调工程、能源工程、生态工程等受气候变化影响的风险也将增大。

在全球气候变暖的背景下，我国大气环境容量（表示大气对污染物的清除能力）明显降低。我国北部地区大气对污染物的清除能力较强，中部地区一般，南部较低。20 世纪 90 年代以来，我国中东部地区大气环境容量明显下降，21 世纪以来下降趋势更加明显。同时，由于风速减小使得静风日数增加，气象条件不利于污染物扩散，成为霾天气多发的帮凶。

　　强化减缓气候变化各类措施以降低长期风险，是我国可持续发展的必然选择。根据 IPCC 第五次评估报告结论，到 21 世纪末要将全球升温控制在 2 ℃以下，温室气体浓度就应当控制在 450 ppm 二氧化碳当量以内；2030 年全球排放量要限制在 2010 年排放水平，即 500 亿吨二氧化碳当量；2050 年要在 2010 年基础上减少 40% ～ 70%。2050 年，来自可再生能源和核能等零碳或低碳能源供给占一次能源供给比重需达到 2010 年水平（约 17%）的 3 ～ 4 倍。减缓气候变化的行动将利于保护人类健康、生态系统安全和维持自然资源、能源系统稳定性，统筹管理得当，可以实现气候行动与其他社会（环境）问题的协同治理。因此，需要及早实施减排战略。

应对气候变化的挑战与机遇

随着国际社会越来越关注气候变化及其影响，随着气候变化对人类社会产生的影响日益显著，气候变化已经成为人类可持续发展中必须面对和应对的重大课题，已上升为非传统因素的安全问题，涉及政治、经济、军事、环境、外交、科技等诸多方面。2007 年，联合国安理会专门讨论气候变化可能带来的国际安全问题，2009 年和 2014 年，联合国两次召开气候变化首脑峰会，共同讨论气候变化及其可能给世界经济社会可持续发展和国际地区安全等带来的重大问题。国际社会也形成了基本共识：要控制全球气候变暖，就应当大幅减少温室气体排放。适应气候变化和减缓气候变化是国际社会应对气候变化、降低和管理气候变化风险的互补性战略。

国际社会应对气候变化的进程

随着全球气候变化及其影响的加剧，联合国大会于 1988 年通过了为当代和后代人类保护气候的决议。1990 年 IPCC 发布第一次《气候变化科学评估报告》。1992 年联合国环发大会通过了《联合国气候变化框架公约》（United Nations Framework Convention on Climate Change，UNFCCC），最终目标是稳定温室气体浓度水平，以使生态系统能自然适应气候变化、确保粮食生产免受威胁并使经济可持续发展；基本原则是共同但有区别的责任（历史上和目前温室气体排放主要源自发达国家，发展中国家人均温室气体排放仍相对较低）。1997 年通过《京都议定书》（Kyoto Protocol，又译《京都协议书》《京都条约》，全称《联合国气候变化框架公约的京都议定书》），是人类历史上首次以法律形式限制温室气体排放，提出了发达国家、发展中国家的减排目标和义务。2007 年 9 月召开了联合国气候变化首脑峰会。2007 年巴厘岛联合国气候变化大会通过"巴厘路线图"。2009 年哥本哈根联合国气候变化大会形成"哥本哈根协议"。2014 年 9 月召开了联合国气候变化第二次首脑峰会。2014 年 12 月结束的利马联合国气候变化大会艰难达成共识。2015 年 12 月召开了巴黎联合国气候变化大会，达成新的应对气候变化的国际协议。

2014 年利马联合国气候变化大会

主要国家和组织应对气候变化的立场及措施

当前气候变化国际谈判的三股力量：欧盟、伞形国家（美、加、澳、日等）、77 国集团 + 中国（发展中国家）。前两股的发达国家强调减缓气候变化，弱化适应气候变化，并要求与发展中国家共同减排；发展中国家强调适应气候变化，要求发达国家率先减缓气候变化。

欧盟：全球气候变化领域的"旗手"，在节能减排立法、政策、行动和技术方面一直处于领先地位。承诺到 2030 年将温室气体排放量在 1990 年的基础上减少 40%(具有约束力)，可再生能源在能源使用总量中的比例提高至 27%(具有约束力)，能源使用效率至少提高 27%；强调美国应承担减排责任，中、印等应参加减排；欧盟内部实行了碳排放贸易制度，并积极开展联合履行项目和清洁发展机制项目；北欧国家实行对每吨二氧化碳征收 19 ~ 58 欧元的碳税政策；将国际航空业纳入到欧盟 ETS 体系（碳排放交易体系）。

美国：将气候变化问题作为新政府的首要政策重点之一，试图从欧盟手中夺回全球应对气候变化的领导权；对内主张自主减排，强调将技术作为应对气候变化的主要途径。采取"限额与交易"等减缓行动，加强低碳能源技术的研发和推广，不放弃包括生物燃料、风能、太阳能、氢能、碳捕集和封存等新能源及核能利用带来的长期机遇和竞争力；制定对电厂碳污染标准，2016 年 6 月底前实施；2020 年可再生能源（不包括水电）翻番；提高燃油经济性标准。建立新的能效标准，2030 年能效相对 2010 年提高一倍；控制氢氟烃（HFCs）排放，减少甲烷排放。推动页岩气开发。2014 年 11 月在北京发布的《中美气候变化联合声明》中美国承诺，到 2025 年温室气体排放较 2005 年整体下降 26% ～ 28%。相比美国之前承诺的 2020 年碳排放比 2005 年减少 17%，2020 年后的减排强度增加一倍。

日本：主张建立必须包括排放大国在内的国际减排框架，建立灵活多样的减排机制，设立"公平"的减排目标；强调技术研发和推广在环境保护和经济增长中的作用，主张推行国际行业能效标准、推进行业技术减排；强调技术创新和向"低碳社会"转型，推行国内行业自愿减排，激励新能源开发和森林保护，推进资源能源的节约；在 2012 年联合国气候变化大会上，日本宣布其 2020 年的新减排目标为在 2005 年基础上减排 3.8%，相当于在 1990 年基础上增加了 3.1%，出现大幅倒退。

77 国集团＋中国：要求发达国家承认发展中国家已为减排做出巨大努力；要求发达国家向发展中国家为应对气候变化提供资金和技术支持；要求发达国家深度减排，即到 2020 年在 1990 年水平上至少减排 40%。

气候变化给我国带来的挑战和机遇

气候变化问题已由科学问题转化为环境、科技、经济、政治和外交等多学科领域交叉的综合性重大战略问题，归根结底，在国际上讲是排放权、发展权、主导权问题，在我国国内就是科学发展、可持续发展问题。我国温室气体排放总量大、增长快，人均排放低的优势正在逐渐丧失，二氧化碳浓度略高于全球平均水平，排放总量已超过美国，居世界前列，处于减缓全球气候变化的风口浪尖上。

我国能源消费结构性问题突出。2012 年，我国石化、冶金、建材、造纸行业的能源消费占全国工业总能耗的 52% ～ 53%，二氧化碳占全国总排放一半；钢产量 7.16 亿吨，钢铁企业总能耗 4.3 亿吨标煤，占全国总能耗的 12%，二氧化碳占全国总排放的 1/7；水泥产量 22 亿吨，水泥企业总能耗占全国总能耗的 20%，二氧化碳占全国总排放的 1/5。

我国人均资源储量低于世界平均水平，能源资源约束强化，对外依存度上升，当前的能源增长方式难以为继。如果我国的能源消费增长维持 2000—2008 年平均 8.9% 的速度，则 2020 年我国将需要 79 亿吨标煤，占目前全世界能源消费总量的一半；即使持续实现每 5 年 GDP 单耗下降 20%，但如果继续保持 9% 的经济增长率，2020 年我国将仍然需要 46 亿吨标煤，2030 年需要 70 亿吨标煤的能源。2010 年我国国内生产总值只占世界生产总值的约 9%，但却消耗了世界能源消费总量的 20% 左右。

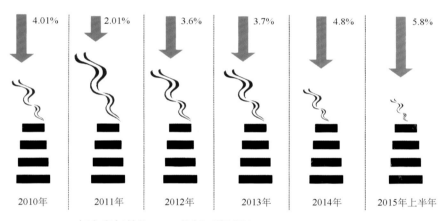

| 4.01% | 2.01% | 3.6% | 3.7% | 4.8% | 5.8% |

| 2010年 | 2011年 | 2012年 | 2013年 | 2014年 | 2015年上半年 |

2010—2015 年上半年单位 GDP 能耗下降情况

我国高度重视气候变化工作，采取了积极的应对气候变化举措。我国基本国情和发展阶段特征，使我国在应对气候变化领域面临着比发达国家更严峻的挑战，也存在向低碳经济转型的新机遇。走科学发展道路，要始终坚持节约资源、保护环境的基本国策，建设资源节约型、环境友好型社会，大力推进节能减排，发展低碳技术、绿色经济、循环经济。全球低碳经济转型将在世界范围内提升能源产业及其装备制造业的战略地位。我国企业既面临空前竞争压力，又存在跨越式发展机遇。

应对气候变化不是权宜之计，而是我国经济社会可持续发展的必然要求。应对气候变化既是我国现代化长期而艰巨的任务，又是当前发展中现实而紧迫的任务。既需要有中长期战略目标和规划，又需要有现实可操作的措施，开展实实在在的行动；应对气候变化要与深入贯彻落实科学发展观有机结合起来，大力推进生态文明建设；应对气候变化要与转变发展方式有机结合起来，推进我国经济可持续发展。

应对气候变化与转变经济发展方式相辅相成。加快转变经济发展方式，走绿色发展和低碳发展的道路，可实现经济发展与应对气候变化的双赢。节约能源、优化能源结构，转变经济发展方式，走低碳发展道路，既是我国应对气候变化的核心对策，也是我国突破资源环境的瓶颈性制约，实现可持续发展的内在需求，两者具有协同效应。在气候变化外部压力下，我国不能采取高排放、高耗能、高污染和资源耗竭的发展方式，气候变化作为一种杠杆，可推动我国经济发展方式的转变。

我国以积极的态度科学应对气候变化。2009 年 7 月，国务院发布了我国控制温室气体排放行动目标：到 2020 年，我国单位 GDP 二氧化碳排放比 2005 年下降 40% ～ 45%；到 2020 年，非化石能源占一次能源消费的比重达到 15% 左右；2020 年森林面积比 2005 年增加 4 000 万公顷，森林蓄积量比 2005 年增加 13 亿米^3；发展绿色经济，发展低碳经济和循环经济，研发推广气候友好技术。2013 年 11 月，我国发布了《国家适应气候变化战略》。2014 年 9 月，又发布了《国家应对气候变化规划（2014—2020 年）》，明确了未来六年中国低碳发展的路线图和时间表。《中美气候变化联合声明》中，中国计划 2030 年左右二氧化碳排放达到峰值，且将努力早日达峰；到 2030 年非化石能源占一次能源消费比重提高到 20% 左右。

重视气候安全 加强生态文明建设

习近平总书记指出，走向生态文明新时代，建设美丽中国，是实现中华民族伟大复兴的中国梦的重要内容。中国将按照尊重自然、顺应自然、保护自然的理念，贯彻节约资源和保护环境的基本国策，更加自觉地推动绿色发展、循环发展、低碳发展，把生态文明建设融入经济建设、政治建设、文化建设、社会建设各方面和全过程，形成节约资源、保护环境的空间格局、产业结构、生产方式、生活方式，为子孙后代留下天蓝、地绿、水清的生产生活环境。

从人类发展的历史背景看，生态文明是工业文明发展到一定阶段的产物，是人类对传统工业带来的生态环境危机特别是气候危机深刻反思的结果，是人类社会发展的必然选择。气候是自然生态系统的重要组成部分，是人类赖以生存和发展的基础。大力推进生态文明建设，建设美丽中国，要求我们要树立尊重自然、顺应自然、保护自然的生态文明理念，认识和把握气候变化规律，利用和保护自然气候，科学应对气候变化。气候关系着人类生产生活的环境条件和质量，气候环境发生改变生态系统必然会发生与之相适应的变化，人类文明也会相应地受到影响，一些古文明的兴衰典型地揭示了气候、生态、文明之间的密切关系。

生态安全正面临气候及气候变化危机。进入工业文明时代以来，人类活动对气候影响的广度和深度日益明显，气候变化对自然生态系统产生显著影响，导致淡水资源短缺、土地荒漠化、农业生产不确定性增强、生物多样性减少、冰川消融、海平面上升、臭氧层破坏、极端天气气候事件频发重发等。全球生态安全和人类发展正面临气候变化危机。

在推动生态文明建设中，需要我们不断提升对气候规律的认识水平和把握能力，坚持趋利避害并举、适应和减缓并重，以气候承载力为基础，主动顺应气候规律，合理开发和保护气候资源，科学应对气候变化，大力推进绿色发展、循环发展、低碳发展，科学有效防御气象灾害，着力改善大气环境质量，保障气候安全，促进人与自然和谐、经济社会与资源环境协调发展。因此，我们提出如下建议。

一是要树立尊重自然、顺应自然、保护自然的生态文明理念。把应对气候变化放在生态文明建设的突出地位，加快经济结构调整升级，注重绿色发展、循环发展、低碳发展，创造良好生产生活、经济发展和城市安全环境。东部发达地区要率先提出实现排放峰值的目标和路径，并作为约束性指标纳入地方的政绩考核。西部开发要贯彻"在容量下发展、在保护中开发"的理念，从源头上避免"先高碳后迫降"的被动局面。

二是要科学认识气候规律，高度重视气候安全。要在战略高度上更加重视气候安全问题，将气候安全作为国家安全体系和经济社会可持续发展战略的重要组成部分统筹考虑。根据国家应对气候变化战略，确定中长期气候安全目标，减轻气候变化对粮食生产、水资源、生态、能源、城镇化建设和人民生命财产的威胁，保障我国经济社会可持续发展。重点关注与极端气候事件和灾害相关的农业、水资源风险加剧、生态安全风险升级、健康安全风险加大等新问题。

三是要走低碳城镇化道路，强化城市规划的气候可行性论证。据研究，城镇居民人均二氧化碳排放约为农村的三倍。因此，在城镇化刚刚步入中期阶段的时候，许多城市资源环境承载力已经减弱，水土资源和能源不足、环境污染等问题凸显，生态保护、环境保护、气候保护面临更大挑战。一些地方城镇建设规模扩张过快、占地过多，大拆大建大变化的急功近利思想冒头，盲目"摊大饼"问题突出，对保护耕地和保障粮食安全、防御自然灾害和保障生命财产安全构成严重威胁。

四是要科学开发和合理利用气候资源。充分利用光、热、水等气候资源发展特色农业和现代农业，大力开发利用风能、太阳能等气象能源，提高新能源和可再生能源在能源结构中的比例。着力改善大气环境质量，促进人与自然和谐、经济社会与资源环境协调发展。

五是要加强应对气候变化和防灾减灾科普宣传，提高全民意识。要发动社会力量，利用各种资源，加强全社会科学知识和技能的宣传教育，提高公众对气候变化、节能减排和防灾减灾的科学认识；把应对气候变化、节能减排和防灾减灾科学知识、自救互救技能作为中小学校的必要课程，使应对气候变化、节能减排和防灾减灾培训和演练制度化、规范化、科学化；积极推进气象科普进社会活动，提升脆弱群体应对城市极端灾害能力。

六、未来会怎样

神秘而强大的预测"神器"——气候模式

气候模式到底是什么

很多研究科学家都可以在实验室或通过实地观测和测量完成，如农学家或生态学家，他们可以通过设定实验区，对比改变某些因素前后的实验结果与自然状况下的结果来得到有说服力的结论；地质学家可以通过测量一小块岩石的硬度、抗压性等来了解某种岩石的物理特性。但对于气象学家来说，却无法通过上面的方法来研究天气，导致这种情况最主要的原因是任何一种天气或气候现象都不是孤立发生的。最初，气象学家对天气和气候问题的探讨主要集中在理论方面，但仅仅只是理论研究是远远不够的，因为这无法对现实世界中的天气气候条件进行改造以观察其变化后的真正影响。那么如何才能更好地对地球上的天气气候现象进行研究，描绘其可能发生的真实变化呢？目前公认的，最为行之有效的方式就是通过数值模式来模拟天气气候的可能变化。目前最为有效的办法便是通过建立天气气候模式来解决这个问题。

要了解什么是气候模式，首先我们就要了解什么是模式。简单地说，从形式上来看，模式就是一个或多个数学公式组成的计算机程序；从内容上来看模式就是对现实世界中某种情况的模拟。我们每个人的头脑中都有一些固有的模式来帮助我们认识和理解周围的世界，并对某些即将发生的事情进行预测。比如你清晨醒来时，看到窗外的天空多云而阴暗，那你的判断就是可能很快要下雨了，那么你在出门上班的时候就要带上雨伞或雨衣了。这种结论就是你头脑中的模式对天气状况的了解及后面发生情况的一种判断后得出的结论。

那么，气候模式是什么呢？它就是根据气候学及相关学科的基本原理，利用数学物理方法来对天气、气候变化进行描述，然后通过计算机语言表达出来。

气候模式与数值天气预报模式相比，更多关注的是气候系统内部圈层之间的相互作用。关键的模式分量有大气、陆面、海洋、海冰、气溶胶、碳循环、植被生态和大气化学等，这些模式分量首先是独立发展和不断完善，最后耦合到气候模式中的。模式的发展密切依赖于对控制整个气候系统的物理、化学和生态过程以及它们之间相互作用的认识和理解程度的不断提高。计算机运算能力的不断提升也为模式发展创造了条件和奠定了基础，模式也因此变得越来越庞大和复杂。包含有大气、海洋、陆面、海冰等多圈层相互作用的模式通常称为气候系统模式。到现阶段为止，气候系统模式除了大气、陆面、海洋和海冰相互耦合外，还同时耦合了气溶胶、碳循环、动态植被和大气化学过程。

气候模式按空间范围可分为全球气候模式和区域气候模式；按复杂程度可以分为简单气候模式、中等复杂程度的气候模式以及完全耦合气候模式。从目前来讲，气候模式从某种程度上可以认为是人们进行气候变化预估的最主要甚至唯一的工具，因此，气候学家们在这一方面付出了大量的精力，但我们必须清楚地认识到，建立和发展气候模式并不是一项简单的工作。空气中的水分处于不停的运动之中，蒸发、凝结、升华和凝华都吸收和释放出潜热，对这些过程进行模拟要涉及一系列复杂的运算和公式，而且对于其中很多过程的细节我们了解的还不够透彻和深入。如二氧化硫和二氧化氮的排放能影响大气的组成成分，并且由此产生的气溶胶还能使气候发生改变。此外，土地用途的改变和云的形成使地球反照率也发生变化，还有一些其他的因素都可能成为决定模式能否取得成功的关键。

为了更好地进行气候模拟，参照地球表面经纬度的划分特点，建立气候模式的第一步是先要在空中将地球表面划分成不同的三维网格，然后借助先进的计算机系统，利用数据计算每一个网格中的大气条件及其对相邻网格区域的影响，并且每半小时重新计算一次。所以气候模式反映的是每隔半小时全球范围内发生的天气变化。

计算机技术的发展使气候模式的建立成为可能。世界上第一个气候模式可以追溯到 20 世纪 50 年代中期，1956 年，Phillips N.A. 首次提出了两层准地转大气环流模式，该模式在当时只考虑了大气层中的种种变化因素而没有包括地表和海洋变化的影响，这主要是受到当时技术条件的限制。因此，该模式的计算结果不是全面、系统的，和现实情况的差异较大，但我们不能忽视第一个气候模式对于人们对大气的运动方式的全面了解所做的开创性和奠基性贡献。

十年后，随着计算机技术的发展，人们开始将地表因素考虑进气候模式当中，但大洋环流和热量输送则被放置在与海冰研究相关的另一个模式当中，两个模式彼此间互相支持。到了 20 世纪 90 年代，计算机技术终于使人们得以将两个模式合成一个模式，建立了现在的海气耦合模式（AOGCMs）。

海气耦合模式包括大气模式、海洋模式、海冰模式等部分。大气模式包括从20世纪90年代开始建立的大气化学成分模式。90年代早期建立的大气硫化物模式在90年代末与海气耦合模式并于一体。最初建立的碳循环模式包括陆地碳循环和海洋碳循环两个部分，在90年代合并后又与海气耦合模式合并，现在是非硫酸盐气溶胶模式的一部分。进入21世纪以后，生态模式、大气化学模式和海气耦合模式也都融合在一起，目前已经发展出包含大气圈、岩石圈、生物圈、水圈和冰雪圈五大圈层的地球系统模式。

气候模式预估的未来会怎样

从1990年第一次发布气候变化科学评估报告后，IPCC又先后发布了四次评估报告，其中最新的是2014年发布的第五次评估报告（IPCC AR5），这次报告中对未来气候系统变化的预估主要采用了来自全球各国的几十个气候模式，包括简单气候模式、中等复杂程度的气候模式、气候系统模式以及地球系统模式，总的数量超过40个，其中中国的模式有6个，分别来自国家气候中心、中国科学院大气物理研究所、北京师范大学和中国海洋大学；这些模式在一系列人为强迫的情景基础上模拟未来的气候变化。

下面我们给出的未来气候的预估结果是世界气候研究计划中耦合模式比较计划第五阶段（CMIP5）给出的气候变化（来自IPCC AR5），21世纪末（2081—2100年）相对于1986—2005年的变化。

（1）在所有情景下（除RCP2.6[①]情景外），相对于1850—1900年，21世纪末全球表明温度变化可能超过1.5 ℃。其中在RCP6.0和RCP8.5情境下，可能超过2.0 ℃，在RCP4.5情景下甚至有超过半数的可能达到2.0 ℃以上。而在2100年之后这种变暖仍将持续。

（2）在21世纪，全球水循环对变暖的响应并不一致，一般来讲，干湿季节之间和干湿地区之间的降水差异将会增大，但也有的区域例外。

（3）21世纪全球海洋将持续变暖。热量将从海洋表层输送到深层，并对洋流产生影响。

---

① RCP2.5，RCP4.5，RCP6.0，RCP8.5为4种最新排放情景，详细介绍参见159页附录一。

（4）在 21 世纪存在这样一种可能，随着全球平均表面温度上升，北极海冰覆盖将继续缩小、变薄，北半球春季积雪将减少，全球冰川体积也将进一步退缩。

（5）21 世纪全球平均海平面将持续上升。由于海洋变暖以及冰川和冰盖冰量损失的加速，海平面上升速率很可能超过 1971—2010 年间观测到的速率。

（6）21 世纪的气候变化将通过加剧大气中二氧化碳的增长来影响碳循环过程，海洋对碳的进一步吸收将加剧海洋酸化。

（7）21 世纪末期及以后的全球平均地表变暖主要取决于累积二氧化碳排放，气候变化的许多方面将持续多个世纪。这意味着过去、现在和未来的二氧化碳排放会产生显著的、长期的、持续的气候变化。

为什么我们不能完全相信气候模式的结果

既然气候模式具有非常强大的模拟和预测能力，但为什么模式结果又不是完全准确的呢？这存在多方面的原因，首先气候的复杂性和资料的限制是目前最大的问题，这也决定了目前的气候模拟中必然存在很多无法避免的问题。比如一些基本气候过程参数的不确定；大气辐射传输方程中的近似和简化；对云和温度场的结构了解有限等，这些因素都在一定程度上导致我们在构建模式时无法更精细、更贴近实际情况。

由于人们对有些气候变化过程还不是十分了解，因而对某些气候现象的研究还不得不借助于假设和推想。受计算机技术的限制，网格区域的划分也不够合理。气候模式采用的是有限时空网格的形式来刻画现实中的无限时空，而用次网格结构的物理量参数化代替真实的物理过程，这些都不可避免地会导致真实信息的丢失。

人们对网格中的各种气象变化进行计算分析时都会假定这一变化在整个被网格覆盖的区域里都会发生，但事实并非如此。大气中的某些变化其实只在很小的范围内发生，因此，网格所描述的情况往往并不准确，它只能给科学家或是天气和气候预测人员以参考，还需要更专业的工作人员结合其他的资料做进一步的调整和订正。虽然这种方法是目前在全球范围内人们能够想到的并且在实际的科研和业务中普遍使用的方式和方法，尤其是在涉及复杂的云层变化的时候，这是因为云层能够吸收和反射能量，因此对天气和气候的变化都非常重要。海水对流将表层海水与深层海水混合到一起，并且将溶解于水的二氧化碳带至海底，它对气候有重要的调节作用。还有如地形、植被等引发的局地小气候，这些变化的发生范围都远远小于模式划分的网格系统。虽然目前随着计算机技术的不断发展，气候模式的网格划分已经越来越精细，但不论技术发展到什么程度，大自然总是那么神奇，还是会有很多我们的技术无法达到的层面，而且最重要的一点是我们也很难完全了解大自然的变化规律。

由于受观测能力和目前技术水平的限制，准确的模式启动初始值很难获得，比如我们目前很难知道地球的大气圈、水圈、冰雪圈、岩石圈以及生物圈究竟处于什么状态，但这些数据对于模式来讲是非常重要的，这些重要数据的缺失或是偏差都无疑会大大降低模式模拟结果的准确性和可靠性。另外，模式计算的稳定性、参数化的有效性、物理过程描述的合理性等在模式的发展过程中也一直是一个无法回避的问题，目前减少这方面不确定性的主要方法是通过同样的数据来运行不同的模式，通过模式的输出结果来评估不同模式的最佳参数化过程和初始化方案。

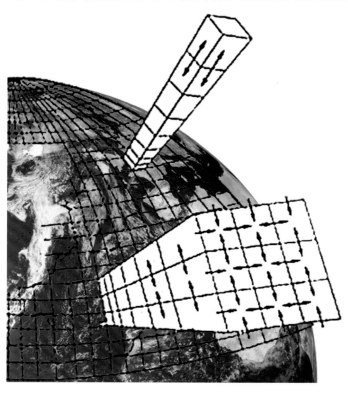

早期的模式因为没有考虑到大气中新增加的气溶胶对大气的降温作用，所以预测的全球增温幅度远远大于实际的增温幅度。因此，在人们将模式的预测结果与实际情况进行对比时必须考虑到一些其他因素的影响。

由于大气的混沌性质，也就是说，天气在未来的演变结果对于初始条件中的小扰动十分敏感，因此，天气预报的时限大约为2周。气候的演变相对于天气预报要缓慢得多，主要是受到外强迫的影响比较大，因而大气的混沌性对气候可预报性的限制不像天气预报那样大，它的预测范围可达几年，预估的范围可以达到几十年甚至上百年。为了得到更加可靠的气候预测结果，目前采用的办法是集合预报，即采用不同的模式和不同的初始扰动进行重复多次的计算，然后将不同的计算结果进行比较后得出最终结论。

目前使用的气候模式由于其复杂性和对计算机的高要求，只能在大型计算机上进行运算，因此，只能在大的研究机构、高校或是大的业务单位才能实现。

气候模式一直在不断完善，但这是一项耗时且艰巨的任务。模式的完善不仅需要人们对全球气候系统的方方面面都有深入的了解，同时也对计算机技术的发展提出了挑战，云计算、GPU并行计算都已经被使用，也许最终人们不得不借助量子计算机模式才能满足以后研究和业务的需要和发展。

目前全球气候模式的分辨率相比之前已经有了相当大的提升，但还是不能很好地表征地形、陆面等区域物理过程，因而对区域尺度及以下气候的模拟水平仍然相对较低。中国位于东亚季风区，全球模式对这里气候的模拟经常存在很多问题，如本应位于中国南部和东南部沿海的降水中心，经常被模拟到了青藏高原东部边缘地区。研究表明，这是由全球模式分辨率不足引起的，中国地区大尺度的季风降水模拟，对模式分辨率的依赖性很大，高分辨率模式对中国区域地形及大尺度季风降水的分布有很好的描述。这充分体现了区域气候模式的优势。

对于气候变化预估来说，除气候模式本身所带来的不确定性以外，对气候系统的认识还不全面也是一个重要的因素。比如在目前最受关注的碳循环中，对地球物理化学过程以及各种碳库估算、各种反馈作用及其相互关系的认识也存在很大的不确定性。例如，用于气候研究和模拟的气候系统资料不足，高山、极地和海洋台站分布稀少，因而从站网布局、观测内容等方面都不能满足气候系统和气候变化模拟的要求；对温室气体的气候效应认识不足；人类活动对气候变化定量化影响方面的研究进展缓慢；目前采用的温室气体排放情景也存在很多不确定性。无论是使用全球还是区域气候模式，这些不确定性都会对模拟的结果产生很大的影响。

我们应该如何面对变化的气候

面对未来气候可能发生的变化，我们的选择并不多，适应这种变化，采取措施努力把这种变化对我们生活造成的不良影响减至最小，就是所谓的适应和减缓，这也是目前在气候变化领域普遍被认可的应对气候变化的方式。

IPCC 第五次评估报告封面

1898 年，瑞典科学家斯万警告说，二氧化碳排放量增大可能会导致全球变暖。二氧化碳是化石燃料燃烧时产生的副产品，是最主要的温室气体之一，在未找到新的可替代清洁能源之前，人们的生产生活、国家的经济发展都对化石燃料具有相当大的依赖性。因此找到或是开发出能够替代化石燃料的能源是目前降低二氧化碳排放、减缓气候变暖的重要手段。目前的一个选择就是核能发电，它是一种不会排放任何温室气体的清洁能源，但很多环境组织对建立核电站持反对态度，尤其是日本福岛核泄漏以后，很多国家都停止了核电站建设。另外，风力发电、太阳能发电、海浪发电等也都是很好的清洁能源，但这些能源或多或少都受到环境、地理或其他条件等的制约，只能作为补充能源，在短时间内很难取代化石能源的主体地位。除了减少排放量外，还可以通过植树造林等方式来吸收排放的二氧化碳。

然而，直到 20 世纪 70 年代，随着科学家们对地球，尤其是气候系统研究的深入，以及科普工作的开展，大气系统的改变所带来的影响越来越引起决策者和公众的广泛关注。

为了让决策者和一般公众更好地理解这些科研成果，IPCC 于 1990 年发布了第一份评估报告。经过数百名顶尖科学家和专家的评议，该报告确定了气候变化的科学依据，它对政策制定者和广大公众都产生了深远的影响，也影响了后续的气候变化公约的谈判。

为了响应越来越多的科学认识，20 世纪 80 年代末 90 年代初举行了一系列以气候变化为重点的政府间会议。1990 年，第二次世界气候大会呼吁建立一个气候变化框架条约。政府间会议由 137 个国家加上欧洲共同体进行部长级谈判，主办方为世界气象组织、联合国环境规划署和其他国际组织。经过艰苦的谈判，在最后宣言中并没有指定任何国际减排目标，但是，它确定的一些原则为以后的气候变化公约奠定了基础。这些原则包括：气候变化是人类共同关注的；公平原则；不同发展水平国家"共同但有区别的责任"；可持续发展和预防原则。

同时，广大民众已开始做出反应。在美国和其他一些地方的热浪和风暴虽然不是直接由气候变化引起的，但也引发了一系列的对气候变化及其预期的新闻报道。

于是，1990 年 12 月，联合国常委会批准了气候变化公约的谈判。气候变化框架公约政府间谈判委员会（The Intergovernmental Negotiating Committee for a Framework Convention on Climate Change, INC/FCCC）在 1991 年 2 月至 1992 年 5 月期间举行了 5 次会议，参加谈判的 150 个国家的代表最终确定将于 1992 年 6 月在巴西里约热内卢举行的联合国环境与发展大会签署公约。该公约于 1994 年 3 月 21 日正式生效。该公约对不同的国家有不同的要求：

（1）工业化国家。这些国家答应要以 1990 年的排放量为基础进行削减。承担削减排放温室气体的义务。如果不能完成削减任务，可以从其他国家购买排放指标。

（2）发达国家。这些国家不承担具体削减义务，但承担为发展中国家进行资金、技术援助的义务。

（3）发展中国家。不承担削减义务，以免影响经济发展，可以接受发达国家的资金、技术援助，但不得出卖排放指标。

公约为应对未来数十年的气候变化设定了减排进程。特别是它建立了一个长效机制，各国政府之间要报告各自的温室气体排放和气候变化情况，通过此信息将定期检查以监督公约的执行进度。此外，发达国家同意推动资金和技术转让，帮助发展中国家应对气候变化。他们还承诺采取措施，争取 2000 年温室气体排放量维持在 1990 年的水平。

在应对气候变化的过程中，《联合国气候变化框架公约》和《京都议定书》的制定和签署是一项里程碑式的工作。

《京都议定书》是《联合国气候变化框架公约》的补充条款，是 1997 年 12 月在日本京都由联合国气候变化框架公约参加国第三次会议制定的。其目标是"将大气中的温室气体含量稳定在一个合适的水平，进而防止剧烈的气候改变对人类造成伤害"。

1997 年 12 月该条约在日本京都通过，并于 1998 年 3 月 16 日至 1999 年 3 月 15 日间开放签字，共有 84 国签署。条约于 2005 年 2 月 16 日开始强制生效，到 2009 年 2 月，一共有 183 个国家签署了该条约（超过全球排放量的 61%）。值得一提的是美国是唯一一个没有签署《京都议定书》的工业化国家。

条约规定，它在"不少于 55 个参与国签署该条约，并且温室气体排放量达到国家在 1990 年总排放量的 55% 后的第 90 天开始生效"。这两个条件中，"55 个国家"在 2002 年 5 月 23 日当冰岛通过后首先达到，2004 年 12 月 18 日俄罗斯在通过了该条约后达到了"55%"的条件，条约在 90 天后于 2005 年 2 月 16 日开始强制生效。

各国对《京都议定书》的反映各不相同，其中也存在着激烈的辩论和严重的分歧。美国、澳大利亚等国家拒绝签署该议定书，理由是这对本国经济的发展存在很大的制约。而对于那些签署了议定书的国家，能否在规定的时间内达到目标还是个未知数。即使他们都达到了协议书所规定的目标，对气候变化产生的影响也可能收效甚微。基于现实的考虑，一些科学家们认为，要想通过降低温室气体

2007 年联合国气候变化大会

的排放来阻止全球性气候变暖，那么排放量必须要降低到 1990 年的 60% 以下，而另一些专家甚至认为，应该将排放量降到零并完全放弃化石燃料的使用。

无论是哪方面的专家，他们达成共识的一点是如果人类不采取措施切实减少二氧化碳排放量的话，那么大气中二氧化碳的含量将会大大增加。

目前气候对温室气体含量的变化非常敏感。但目前大气温度上升的速度并不快。最新的 IPCC 第五次报告指出：1880—2012 年全球平均气温升高了 0.85 ℃（升高范围为 0.65 ~ 1.06 ℃），这表明气候对温室气体含量的变化并不十分敏感。海洋对温度变化的反应更加迟缓，也许目前气候变化滞后于大气中化学成分的变化。当气候变化的速度与大气化学成分变化的速度持平时，气温可能会急剧地攀升，但目前人们对此还不能给出确切的结论。

也许适应气候变化并不像人们想象的那么难，因为谁也无法把未来看得一清二楚。随着科学技术水平的发展提高，相信人们总有一天会找到减少温室气体排放的办法，找到既能提高效率又能减少污染，同时也可以减少对人类健康危害的新型清洁能源，包括能够取代汽油和柴油的汽车燃料。也许在未来的城市里，再也看不到因为汽车尾气所引起的空气污染，所有的交通工具向空气中排放的都只是水蒸气或其他不会对环境造成危害的物质。有了清洁能源后，无论是城市还是乡村，人们都很难再看到烟囱林立的景象，偶尔见到的几根也不过是为了让后来的人们了解以前的生活是什么样的的"历史文物"而已。所以气候变化也许真的没有我们想象的那么糟糕。我们在努力弄明白气候变化的原因，减缓和适应气候变化的同时，多了解一些有关太阳、地球、大气和海洋等方面的知识，了解它们对气候变化可能产生的影响，以及由此可能产生的风、霜、雪、雨等变化都是很有意思的事情。

总之，我们还在创造美好生活的路上，保护我们的生存环境，让气候向有利于我们发展的方向去变化，我们必将拥有一颗更美的地球和一个光明的未来。

参考文献

陈联寿，端义宏，宋丽莉，等，2012.台风预报及其灾害［M］.北京：气象出版社.

丁一汇，张建云，等，2009.暴雨洪涝［M］.北京：气象出版社.

丁一汇，张锦，徐影，等，2005.气候系统的演变及其预测［M］.北京：气象出版社.

段英.2009.冰雹灾害［M］.北京：气象出版社.

方金琪，1989.气候变化对我国历史时期人口迁移的影响［J］.地理环境研究，1（12）：
    39-46.

胡娅敏，丁一汇，2006.东亚地区区域气候模拟的研究进展［J］.地球科学进展，21（9）：
    956-964.

李子华，2001.中国近40年来雾的研究［J］.气象学报，59（5）:616-624.

路易斯·斯皮尔斯伯，2011.探索频道·少儿大百科全书：气象［M］.郑雷，译.武汉：
    湖北美术出版社.

马树庆，李锋，王琪，等，2009.寒潮与霜冻［M］.北京：气象出版社.

迈克尔·阿拉贝，2011a.干旱［M］.刘淑华，译.上海：上海科学技术文献出版社.

迈克尔·阿拉贝，2011b.洪水［M］.刘淑华，译.上海：上海科学技术文献出版社.

迈克尔·阿拉贝，2011c.飓风［M］.刘淑华，译.上海：上海科学技术文献出版社.

迈克尔·阿拉贝，2011d.龙卷风［M］.刘淑华，译.上海：上海科学技术文献出版社.

迈克尔·阿拉贝，2011e.气候变化［M］.刘淑华，译.上海：上海科学技术文献出版社.

迈克尔·阿拉贝，2011f.雾、烟雾、酸雨［M］.刘淑华，译.上海：上海科学技术文献出
    版社.

迈克尔·阿拉贝，2011g.雪暴［M］.刘淑华，译.上海：上海科学技术文献出版社.

气象知识编辑部，2012a.气候变化纵横谈［M］.北京：气象出版社.

气象知识编辑部，2012b.气象灾害面面观［M］.北京：气象出版社.

沈永平，王国亚，2013.IPCC第一工作组第五次评估报告对全球气候变化认知的最新科学
    要点［J］.冰川冻土，35（5）:1068-1076.

宋连春，李伟，2008.综合气象观测系统的发展［J］.气象，34（3）:3-9.

谈建国，陆晨，陈正洪，2009.高温热浪与人体健康［M］.北京：气象出版社.

王绍武，罗勇，赵宗慈，等，2012.新一代温室气体排放情景［J］.气候变化研究进展，
    8（4）:305-307.

王绍武，罗勇，赵宗慈，等，2013. 气候模式［J］. 气候变化研究进展，9（2）：150−154.

王绍武，马树庆，陈莉，等，2009. 低温冷害［M］. 北京：气象出版社.

吴兑，2005. 关于霾与雾的区别和灰霾天气预警的讨论［J］. 气象，31（4）：3−7.

吴兑，2006. 再论都市霾和雾的区别［J］. 气象，32（4）：9−15.

向薇，肖尚斌，刘力，2012. 极端气候事件的模拟研究进展［J］. 三峡大学学报（自然科学版），34（3）：47−55.

严中伟，杨赤，2000. 近几十年中国极端气候变化格局［J］. 气候与环境研究，5（3）：267−272.

曾庆存，张学洪，袁重光，1989. 气候模式的概念、方法和现状［J］. 地球科学进展，3：1−26.

翟建青，曾小凡，姜彤，2011. 中国旱涝格局演变（1961—2050 年）及其对水资源的影响［J］. 热带地理，237−242.

翟盘茂，李茂松，高学杰，2009. 气候变化与灾害［M］. 北京：气象出版社.

翟盘茂，章国材，2004. 气候变化与气象灾害［J］. 科技导报，（7）：11−14.

张海仑，1997. 中国水旱灾害［M］. 北京：中国水利水电出版社.

张强，潘学标，马柱国，等，2009. 干旱［M］. 北京：气象出版社.

《中国大百科全书》普及版编委会.2013. 气象万千——探索天气的奥秘［M］. 北京：中国大百科全书出版社.

周广胜，卢琦，2009. 气象与森林草原火灾［M］. 北京：气象出版社.

朱临洪，2014. 气象灾害防灾减灾知识读本［M］. 太原：山西科学技术出版社.

竺可桢，1972. 中国近五千年来气候变迁的初步研究［J］. 考古学报，1：15−38.

竺可桢，1973. 中国近五千年来的气候变迁的初步研究［J］. 中国科学，（2）226−256.

IPCC，2014a.Climate change 2013：The physical science basis［R］. Cambridge：Cambridge University Press.

IPCC，2014b.Climate change 2014：Impacts，adaptation and vulnerability［R］. Cambridge：Cambridge University Press.

IPCC，2014c.Climate change 2014：Mitigation of climate change［R］. Cambridge：Cambridge University Press.

附录一　最新排放情景

温室气体排放情景是对未来气候变化预估的基础。过去应用的情景设计是在 2000 年完成的，已经不符合目前的发展状况，早就需要更新与补充。在 IPCC 第五次评估报告中采用了新一代情景，称为"典型浓度路径"（Representative Concentration Pathways，RCPs）情景。这里，"representative（典型）"表示只是许多种可能性中的一种可能性，用"concentration（浓度）"而不用"辐射强迫"是要强调以浓度为目标，"pathways（路径）"则不仅仅指某一个量，而且包括达到这个量的过程。4 种情景分别称为 RCP8.5 情景、RCP6.0 情景、RCP4.5 情景及 RCP2.6 情景。

（1）RCP8.5 情景。这是最高的温室气体排放情景。情景假定人口最多、技术革新率不高、能源改善缓慢，所以收入增长慢。这将导致长时间高能源需求及高温室气体排放，而缺少应对气候变化的政策。与过去的情景相比，有两点重要改进：

1）建立了大气污染预估的空间分布图。

2）加强了土地利用和陆面变化的预估。

（2）RCP6.0 情景。这个情景反映了生存期长的全球温室气体和生存期短的物质排放，以及土地利用／陆面变化，导致到 2100 年辐射强迫稳定在 6.0 瓦／米 ^{2}。根据亚洲太平洋综合模式（AIM），温室气体排放的峰值大约出现在 2060 年，以后持续下降。2060 年前后能源改善强度为每年 0.9% ～ 1.5%。通过全球排放权的交易，任何时候减少排放均物有所值。

（3）RCP4.5 情景。这个情景是 2100 年辐射强迫稳定在 4.5 瓦／米 ^{2}。用全球变化评估模式（GCAM）模拟，模式考虑了与全球经济框架相适应的，长期存在的全球温室气体和生存期短的物质排放，以及土地利用／陆面变化。模式的改进包括历史排放及陆面覆盖信息，并遵循用最低代价达到辐射强迫目标的途径。为了限制温室气体排放，要改变能源体系，多用电能、低排放能源技术，开展碳捕获及地质储藏技术。通过降尺度得到模拟的排放及土地利用的区域信息。

（4）RCP2.6 情景。这是把全球平均温度上升限制在 2 ℃之内的情景。无论从温室气体排放，还是从辐射强迫看，这都是最低端的情景。在 21 世纪后半叶能源应用为负排放，应用的是全球环境评估综合模式（IMAGE），采用中等排放基准，假定所有国家均参加。2010—2100 年累计温室气体排放比基准年减少 70%。为此，要彻底改变能源结构及二氧化碳以外的温室气体的排放，特别提倡应用生物质能、恢复森林。其中，前 3 个情景大体同 2000 年方案（SRES）中的 SRESA2、A1B 和 B1 相对应，RCP 的简单情况如附表 1-1 所示。

附表 1-1　典型浓度路径

情景	描述
RCP8.5	辐射强迫上升至 8.5 瓦 / 米^2，2100 年 CO_2 当量浓度达到约 1 370 毫升 / 米^3
RCP6	辐射强迫稳定在 6.0 瓦 / 米^2，2100 年后 CO_2 当量浓度稳定在约 850 毫升 / 米^3
RCP4.5	辐射强迫稳定在 4.5 瓦 / 米^2，2100 年后 CO_2 当量浓度稳定在约 650 毫升 / 米^3
RCP2.6	辐射强迫在 2100 年之前达到峰值，到 2100 年下降到 2.6 瓦 / 米^2，CO_2 当量浓度稳定在约 490 毫升 / 米^3

注：该表数据引自王绍武等（2012）。

附录二 历届联合国气候变化大会时间地点及关键时间节点

1979 瑞士日内瓦。气候变化第一次作为一个受到国际社会关注的问题提上议事日程。

1992 巴西里约热内卢。150多个国家和地区制定了《联合国气候变化框架公约》，为开展气候变化国际谈判制定了总体框架。

1995 德国柏林

1996 瑞士日内瓦

1997 日本京都。通过了具有法律约束力的《京都议定书》，为发达国家设立了强制减排温室气体的目标。

1998 阿根廷布宜诺斯艾利斯

1999 德国波恩

2000 荷兰海牙

2001 德国波恩

2001 摩洛哥马拉喀什

2002 印度新德里

2003 意大利米兰

2004 阿根廷布宜诺斯艾利斯

2005 加拿大蒙特利尔

2006 肯尼亚内罗毕

2007 印度尼西亚努沙杜瓦、巴厘岛。通过了《巴厘岛路线图》。

2008 波兰波兹南

2009 丹麦哥本哈根。通过《哥本哈根协议》。

2010 墨西哥坎昆。2009年哥本哈根气候大会和2010年墨西哥坎昆气候大会对发达国家向发展中国家提供额外的资金支持做出了安排，决定建立帮助发展中国家减缓和适应气候变化的绿色气候基金。

2011　南非德班。与会各方在做出妥协后同意成立"加强行动德班平台特设工作组"，负责在2015年前形成适用于《联合国气候变化框架公约》所有缔约方的法律文件或法律成果，作为2020年后各方贯彻和加强《联合国气候变化框架公约》、减排温室气体和应对气候变化的依据。

2012　卡塔尔多哈

2013　波兰华沙

2014　秘鲁利马

2015　法国巴黎